建筑概念设计图——宣礼塔和广场

建筑概念设计图——祈祷大厅

建筑概念设计图——宣礼塔塔冠

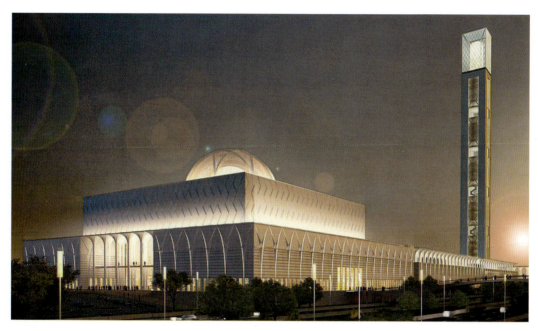

建筑概念设计图——祈祷大厅夜景渲染

竣工实拍——祈祷大厅夜景

建筑概念设计图——广场

竣工实拍——广场和宣礼塔

竣工实拍——航拍全景

竣工实拍——祈祷大厅和花园

竣工实拍——宣礼塔晚霞

竣工实拍——宣礼塔白天

竣工实拍——东侧主花园

竣工实拍——西侧交通线

竣工实拍——穹顶特写

竣工实拍——东侧花园

竣工实拍——庭院东侧

竣工实拍——庭院北侧

竣工实拍——庭院东侧夜景

竣工实拍——庭院西侧夜景

竣工实拍——广场大门夜景（一）

竣工实拍——广场大门夜景（二）

竣工实拍——祈祷大厅西侧回廊

竣工实拍——祈祷大厅东侧VIP入口

图书馆

祈祷大厅大门和石膏雕刻

竣工实拍——祈祷大厅二层石材镶贴地面（一）

竣工实拍——祈祷大厅二层石材镶贴地面（二）

竣工实拍——VIP厅一层

竣工实拍——VIP厅二层

竣工实拍——祈祷大厅石材镶贴地面

中心位置大型石材镶贴地面

祈祷大厅主吊灯，发光祈祷墙，木作讲经台

竣工实拍——祈祷大厅天花和八角柱（一）

竣工实拍——祈祷大厅天花和八角柱（二）

竣工实拍——祈祷大厅天花和八角柱（三）

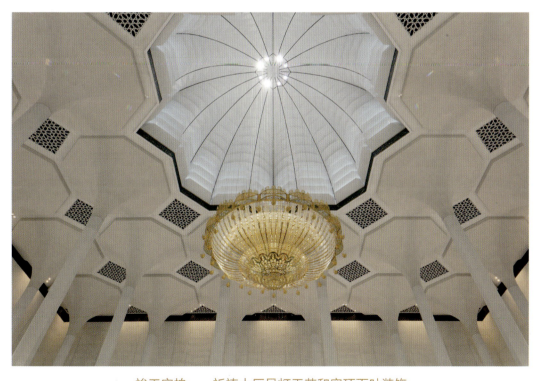

竣工实拍——祈祷大厅吊灯天花和穹顶百叶装饰

穹顶经文装饰带

旋转楼梯

VIP厅二层传统装饰手绘瓷砖

祈祷大厅铺设地毯（一）

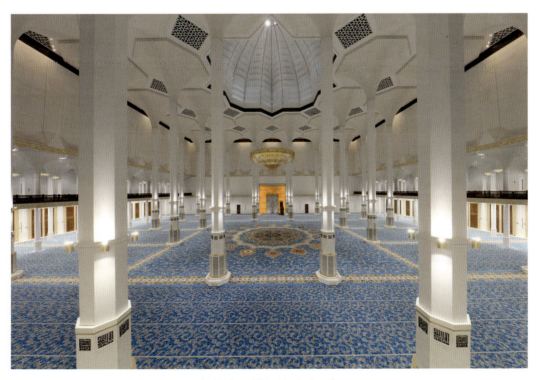

祈祷大厅铺设地毯（二）

祈祷大厅二楼铺设地毯（一）

祈祷大厅二楼铺设地毯（二）

文化中心石材地面

祈祷大厅天花与吊灯

祈祷大厅主门廊石膏雕刻与吊灯

建筑概念设计图——文化中心大厅

竣工实拍——文化中心大厅

阿尔及利亚大清真寺

项目总承包管理

周　圣　王良学　向鹏成　　著

中国建筑工业出版社

图书在版编目（CIP）数据

阿尔及利亚大清真寺项目总承包管理 / 周圣，王良学，向鹏成著 . —北京：中国建筑工业出版社，2021.11（2023.3重印）

ISBN 978-7-112-26688-3

Ⅰ.①阿… Ⅱ.①周… ②王… ③向… Ⅲ.①清真寺—项目管理—阿尔及利亚 Ⅳ.①B967

中国版本图书馆CIP数据核字（2021）第208460号

在"一带一路"倡议的引导下，国内的知名建筑承包商开始逐渐走出国门，展现中国品质。2011年中国建筑集团有限公司承建了阿尔及利亚具有重大历史意义和宗教意义的清真寺——阿尔及利亚大清真寺，中间虽然经历各种外部环境的变化与冲击，但仍然克服艰险，保证项目于2020年10月28日伊斯兰圣纪节夜正式对外开放，迎接全世界穆斯林来此朝拜。本书主要介绍了阿尔及利亚大清真寺项目的建设过程，包括相关背景和具体管理措施等，并详细分析了中国建筑集团有限公司在该项目中的基础管理、目标控制和成果保障。在这一项目的建设过程中充分发挥了EPC模式最突出的集成管理优势，体现了中国建筑集团有限公司强大的资金实力、深化设计能力、成熟的采购网络，以及争取施工技术精良的专业分包商的资源支持和有效监控能力。本书主要从工程实例视角为国际工程从业者、相关领域研究者和普通读者提供全面、专业、详尽的大型EPC项目管理实践。

责任编辑：王延兵　赵　莉　吉万旺
书籍设计：锋尚设计
责任校对：王　烨

阿尔及利亚大清真寺项目总承包管理
周　圣　王良学　向鹏成　著
＊
中国建筑工业出版社出版、发行（北京海淀三里河路9号）
各地新华书店、建筑书店经销
北京锋尚制版有限公司制版
北京中科印刷有限公司印刷
＊
开本：787毫米×1092毫米　1/16　印张：15¾　插页：12　字数：337千字
2021年12月第一版　2023年3月第二次印刷
定价：**88.00**元
ISBN 978-7-112-26688-3
　（38536）

本书编委会

主　编

周　圣　王良学　向鹏成

副主编

李宽平　魏　嘉

编　委（按姓氏拼音排序）

曹　琦　范春霞　付　山　葛志雄　郭军生　侯典超

金铭功　沈飓波　孙　斌　汪　锋　王　帆　王　俊

王　宇（机电部）　王　宇（综合行政部）　王小赛

向金梅　于海洋　袁　兴　袁雪峰　詹以强　张　鸯

张秉严　张文吉　章　信

主编单位

中建阿尔及利亚公司

中建三局第三建设工程有限公司

重庆大学

序言

　　文化是人类文明的传承，伊斯兰文化是人类文化的重要组成部分，清真寺是伊斯兰文化的载体和旗帜。从公元 7 世纪，阿尔及利亚建造第一座清真寺开始，伊斯兰文化在这个古老的国度传承千年。到 1962 年，阿尔及利亚人民取得民族解放战争胜利后，一座新的具有重大历史意义和宗教意义的清真寺——阿尔及利亚大清真寺的建造计划被提出。每座清真寺都铭记着一段历史，这座集宗教、政治、文化、旅游和历史研究于一体的清真寺，是阿尔及利亚文化复兴的象征，是阿尔及利亚人民归属感的标志。

　　对全世界的穆斯林而言，这是世界第三大清真寺，是伊斯兰文化的又一丰碑。而对建筑人而言，这是一座艺术品，是艺术和技术的融合，将这座艺术品完美呈现在世人面前是建筑人的极大成就。

　　自 2011 年以来，中国建筑作为总承包商，通过其强大的项目管理能力、资源组织能力和技术管理水平，将来自世界各国的近千家分供商、上千名工程师和上万名技术工人，有效组合成一个有机整体，向着实现这座千年巨作迈进。

　　这些年，项目经历了国际油价大跌对阿尔及利亚经济的冲击，经历了参建方的重大组织调整对项目组织的影响，经历了汇率贬值导致的经济困难，经历了阿尔及利亚的政治动荡对项目进展的冲击。项目从投标开始到工程实施完成，中建人体现出的拼搏进取、开放创新的海拓精神不仅鼓舞着自己克服一个又一个困难，走出一个又一个低谷，更是打动各参建方和合作伙伴，靠着这股精气神，凝聚各方力量，克服语言障碍、文化矛盾和利益冲突向着共同目标迈进。

　　在所有参建方的共同努力和各级领导同事的大力关怀与帮助下，在阿尔及利亚人民和政府的理解和支持下，项目于 2020 年 10

月 28 日伊斯兰圣纪节夜正式对外开放，迎接全世界穆斯林来此朝拜。感谢所有参与人员和社会各界的大力支持和帮助，让这座建筑瑰宝能够呈现在世人面前。

每一个终点，都是一个新的起点。在中国建筑走出去的道路上，我们才刚刚开始。仅以此书为中国建筑海外事业发展提供借鉴。

2021 年 7 月，于阿尔及尔

| 前言

　　十九大报告明确提出："中国坚持对外开放的基本国策，坚持打开国门搞建设，积极促进'一带一路'国际合作，努力实现政策沟通、设施联通、贸易畅通、资金融通、民心相通，打造国际合作新平台，增添共同发展新动力。"这一宏伟目标表明了我国坚持贯彻"一带一路"倡议的决心。海外工程承包作为我国推动形成全面开放新格局的实践路径，同时也是设施联通的主要手段，其具有举足轻重的作用。随着"走出去"步伐的明显加快，我国企业在"一带一路"沿线国家承包工程项目的类型不断增多、规模不断加大、管理难度不断升级。

　　机遇与风险并存，近几年由东道国外部环境影响或承包商自身管理不善导致的投资失败事件屡屡发生。企业若想要抓住这一机会顺利实现经营转型，需要总结过往案例，从成功项目中提炼科学高效的管理模式，从失败的案例中吸取惨痛的教训。基于这一目的，本书详细记录了阿尔及利亚大清真寺项目的建设全过程，并从各个维度系统梳理了不同职能部门间的协同运作，为日后类似项目的建设提供了宝贵的参考资料，同时也在各个方面实现了国际工程总承包的创新管理。

　　本书共4篇，20章。第1篇为绪论，由4章构成：第1章为"一带一路"倡议与海外工程建设，第2章为阿尔及利亚大清真寺项目概况，第3章为伊斯兰宗教建筑特点和实施难点，第4章为大清真寺项目外部环境变化对项目管理的影响。第2篇为基础管理篇，由6章构成：第5章为大清真寺项目组织管理，第6章为大清真寺项目设计管理，第7章为大清真寺项目采购管理，第8章为大清真寺项目物流管理，第9章为大清真寺项目施工技术管理，第10章为大清真寺项目机电施工管理。第3篇为目标控制篇，由4章构成：第11章为大清真寺项目计划管理，第12章为大清真寺项目成本管理，第

13 章为大清真寺项目质量管理，第 14 章为大清真寺项目 HSSE 管理。第 4 篇为成果保障篇，由 6 章构成：第 15 章为大清真寺项目财务管理，第 16 章为大清真寺项目合同管理，第 17 章为大清真寺项目信息管理，第 18 章为大清真寺项目属地化管理，第 19 章为大清真寺项目综合管理，第 20 章为经验及总结。

本书在撰写和校对过程中得到了重庆大学的袁婷博士，蔡奇钢、张健彬、盛亚慧、刘禹、冯起兴、庞景文、李冉阳、游昀艳等多位硕士的大力支持，在此对各位表示衷心感谢。

本书虽经过长时间准备，多次研讨、修改与审查，仍难免存在不足，恳请广大读者提出宝贵意见，以便进一步修改完善。

编者
2021 年 3 月

目录

第 **3** 篇
目标控制篇 / 123

第**4**篇
成果保障篇　/　165

图表目录

图目录

表目录

第1篇
绪论

第1章
"一带一路"倡议与海外工程建设

1.1　人类命运共同体理念和工程实践

1.1.1　包容互鉴的丝路精神

　　"一带一路"倡议源于中国，更归属于世界。包容互鉴的丝路精神不断转化为全球极受欢迎的公共产品。2013 年 9 月和 10 月，中国国家主席习近平先后提出了共建"丝绸之路经济带"和"21 世纪海上丝绸之路"的重大倡议。"一带一路"倡议沿用了古代丝绸之路的历史符号，以创新中国与沿线国家既有的双多边机制为契机，以重点融合亚欧非三大区域不同国家、不同经济发展状况、不同历史文化为手段，将庞大的亚太经济体与繁荣的欧洲经济圈联结在一起，促进开放共享的全球经济新格局，以实现包容互鉴的丝路精神。

　　"一带一路"倡议的五通建设是人类命运共同体实现路径。"政策沟通、设施联通、贸易畅通、资金融通、民心相通"（简称"五通"）是"一带一路"倡议的重点内容 [1]。政策沟通是先导，是形成沿线国家沟通协调的制度保障；设施联通是方向，以构建多层次的空间综合基础设施网络，优化资源要素配置速度；贸易畅通是重点，以实现地区贸易投资的便利化，深度释放经济合作潜力；资金融通是支撑，以进一步创新国际投融资模式为关键，提升投资项目的资金支持力度；以民心相通为基础，以增进各国相互认同感和包容度，为共建人类命运共同体奠定坚实民意。

　　"一带一路"合作成果斐然。2017 年，中国企业对"一带一路"沿线国家非金融类直接投资为 143.6 亿美元，较上年增加了 3.5%；对外承包工程的新签合同额为 1443.2 亿美元，同比增长 14.5%。2018 年，中国企业对"一带一路"沿线国家非金融类直接投资高达 156.4 亿美元，同比增长 8.9 个百分点；对外承包工程的新签合同额 1257.8 亿美元，略有下降。2019 年，中国企业对"一带一路"沿线国家非金融类直接投资 150.4 亿美元，降幅甚微，仍处高位；对外承包工程新签合同额高达 1548.9 亿美元，同比增幅较大，约为 23.1%。可见，"一带一路"的合作成效显著，发展势头良好，逐步实现着全球经济体系的跨越式发展。

1.1.2 成效斐然的工程实践

中国企业对"一带一路"沿线国家项目投资具有一定的区域分布特征和产业分布特征。从投资体量来看，西亚和独联体国家属于投资规模较大和投资增长较快的区域。能源投资主要存在于西亚国家[2]，如阿拉伯联合酋长国、伊朗和沙特阿拉伯等国家。独联体国家的主要投资集中于森林、能源开采业。从投资增长速度来看，中国企业对南亚国家的投资增长速度较快，如巴基斯坦和印度。中国企业投资南亚国家的产业主要集中于机械设备制造业和基础设施行业等[3]。从投资波动现状来看，中国企业投资中亚国家的波动幅度较大。中亚国家离中国较近，且油气资源丰富，石油勘探开发和化工行业是其主要的投资产业配置。

中国企业国际化经营的经济社会效益明显。中央企业是积极参与"一带一路"倡议的坚实力量。中国建筑等中央企业通过不断锤炼国际化经营战略，逐步提高自身的国际竞争力和综合实力。央企的互利共赢理念、国际合作新模式探索和可持续发展战略等使得"中国制造"和央企的品牌价值不断凸显。"中建品牌"已经构筑于"一带一路"沿线国家投资区域。

对外承包工程是"一带一路"建设主要驱动力。《"一带一路"建设发展报告（2019）》指出2015～2019年的五年时间内，我国企业与"一带一路"沿线国家新签对外承包工程合同总额超过5000亿美元。根据商务部"走出去"服务平台资料，2015～2019年对外承包工程的完成营业额和新签合同额具体情况详见图1-1。

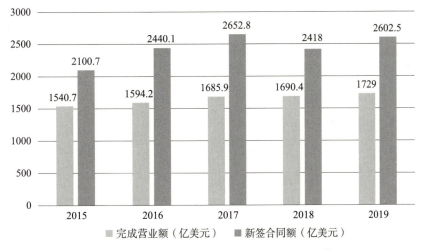

图1-1 2015～2019年对外承包工程现状

　　设施联通是"一带一路"的重点实现路径。"设施通，则百业兴"，设施联通是贸易联通的先决条件。现今，我国保持了全球第一的互联互通海运指数。相关研究表明，"一带一路"沿线国家的投资项目中有 70% 以上是港口、机场、电网、水利、铁路工程等基础设施项目[4]。中国在许多国家投资建设了大规模的基础设施互联互通项目。"一带一路"沿线国家标志性基础设施项目详见表 1-1。

"一带一路"沿线国家标志项目　　　　　表1-1

序号	项目名称（中文）	项目名称（英文）
1	老挝—中国铁路	Laos-China Railway
2	昆明—新加坡铁路	Kunming-Singapore Railway
3	连接云南与老挝的玉溪—博滕铁路	Yuxi—Boten Railway
4	印度尼西亚的雅加达—万隆高铁	Jakarta—Bandung High-speed Railway in Indonesia
5	马来西亚东海岸铁路	Malaysia East Coast Railway
6	哈萨克斯坦的阿斯塔纳轻轨	Astana Light Railway in Kazakhstan
7	哈萨克斯坦的Taldykorgan—Ust—Kamenogorsk巷道	Taldykorgan—Ust—Kamenogorsk Roadway in Kazakhstan
8	埃塞俄比亚的亚的斯亚贝巴—吉布提铁路	Addis Ababa—Djibouti Railway in Ethiopia
9	肯尼亚的蒙巴萨—内罗毕标准轨距铁路	Mombasa—Nairobi Standard Gauge Railway in Kenya
10	文莱的Pualu Muara Besar石化厂	Pualu Muara Besar Petrochemical Plant in Brunei
11	巴基斯坦瓜达尔港	Port of Gwadar in Pakistan
12	巴基斯坦Gojra—Shorkot—Khanewal的国家高速公路M-4部分	National Motorway M-4 Section Gojra—Shorkot—Khanewal in Pakistan
13	巴基斯坦的E-35高速公路	E-35 Expressway in Pakistan
14	孟加拉国的帕德玛桥	Padma Bridge in Bangladesh
15	斯里兰卡的汉班托塔港	Port of Hambantota in Sri Lanka
16	斯里兰卡的Matara—Beliatta南部铁路	Matara—Beliatta Southern Railway in Sri Lanka
17	菲律宾的甲米地港	Port of Cavite in the Philippines
18	马尔代夫的维拉纳国际机场	Velana International Airport in Maldives
19	沙特阿拉伯阿卜杜勒·阿齐兹国王集装箱码头	King Abdul Aziz Container Terminal Port in Saudi Arabia
20	阿拉伯联合酋长国的哈利法港	Khalifa Port in United Arab Emirates
21	以色列海法港	Port of Haifa in Israel

海外重大基础设施项目是推动人才输出、促进交流互鉴的媒介。中国一带一路网的数据表明，过去十年我国对外劳务合作派出劳务人数呈逐年递增的趋势，积攒海外项目投资运营经验的同时也为东道国带来了成熟的管理理念。此外，国内供货商也在项目建设过程中为当地提供了先进的材料设备，向世界输出了中国的前沿施工技术，商务部数据中心的资料表明我国的机电产品备受他国青睐，如图1-2所示。

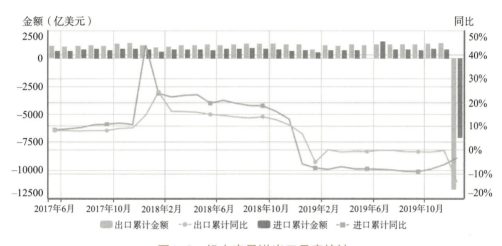

图1-2　机电产品进出口月度统计

1.2　中建集团海外精耕细作的工笔画

1.2.1　中建集团海外公司发展理念

中建集团海外业务具有明显的阶段性特征。20世纪50年代，中建总公司代表国家进行对外经济技术援助项目建设，是第一批"走出去"的中国企业。中国建筑海外业务经历了经援业务时期、国际工程承包业务发展探索阶段、区域化经营时期和"大海外"战略时期。1979年以前的20多年，属于公司经援业务时期。虽然中国建筑是1982年政府机构改革时组建的，但这一时期公司所属成员企业，一直承担着国家对外经济援助中的工程建设任务，重点是援非、援蒙。1979～2000年的20多年时间，是公司国际工程承包业务的发展探索阶段。经营布局由外交布局逐步转向商业布局。公司海外业务在原经援业务的基础上，迅速拓展到中东、北非、东南亚等地区，并开辟了美国、新加坡等发达经济体的业务。2000～2013年的10多年时间，是公司海外业务区域化经营时期。该阶段公司采取收缩策略，将优势资源集中于北非、中东、东南亚、北美等几个稳定的产出区。2013年至今，是公司实施"大海外"战略时期。响应国家"一带一路"倡议，抢抓"一带一路"机遇，举集团之力，调整海外布局，建设"大海外平台"，巩固、加强和拓展海外业务，不断提升国际化水平，增强国际核心竞争力。

现今，中国建筑不仅扎根阿尔及利亚、巴基斯坦、埃及、刚果（布）、越南、埃塞俄比亚等发展中国家，承揽了一大批重大标志性项目；还成功进入美国、新加坡、中东等发达市场，连续30年入选ENR（美国著名杂志《工程新闻纪录》）250家最大全球承包商，并于2020年度位列第一。截至目前，中国建筑在海外拥有近万名管理及工程技术人员，在境外130多个国家和地区承建项目7000多项，涵盖房建、制造、能源、交通、水利、工业、石化、危险物处理、电讯、排污/垃圾处理等多个专业领域，其中一大批项目得到中外两国元首或政府首脑见签，赢得了所在国家政府和民众的高度认可，并获得标普、穆迪、惠誉等国际三大评级机构信用评级A级，为全球建筑行业最高信用评级。

中国建筑公司积极落实"一带一路"倡议。自2013年"一带一路"倡议提出至今，中国建筑境外累计签约601亿美元，完成营业额337亿美元，占公司组建35年来海外业务整体指标的44.4%和39.2%。2019年1~11月，公司境外投资数额高达187.3亿美元，同期增长0.2%。

在"一带一路"倡议提出后，中国建筑努力做出中国贡献、共享中国经验、展现中国品质、提供中国技术，已打造出独具特色的"中建品牌"。中国建筑在海外业务发展过程中，始终坚持本土化发展、市场化竞争、资本化运作、体系化管控，始终秉持"中国建筑，服务跨越五洲；过程精品，质量重于泰山"的品牌经营理念，在海外承揽了一大批质量高、难度大、技术新和绿色环保的标志性项目，获得了项目所在国家政府和民众的高度认可。

中国建筑围绕"拓展幸福空间"的企业使命，积极承担着惠及当地民生的社会责任。中建人在业务上运用属地化经营模式，在文化中积极融入当地生活，积极承担两国文化包容互鉴之大责，以提升利益相关方幸福指数为目标，构建社会责任体系，全面推进社会责任理念融入公司战略、日常运营和员工日常工作，在海外树立了良好的企业形象。

在科技创新方面，中国建筑获得了大量奖项。中国建筑累计获得国家科学技术进步奖71项，其中一等奖4项，发明奖8项；詹天佑奖72项，省部级科技奖励2102项；获得国家级工法244项，省部级工法3592项。2019年，中国企业500强发布，中国建筑位列第4；2019中国战略性新兴产业领军企业100强榜单在济南发布，中国建筑股份有限公司排名第 33 位；同时也在 2019 中国 100 大跨国公司榜单位列第 14 位。

"互联网 +"的创新，更深层次促进了中国建筑的产业结构优化和转型升级。中国建筑在大数据云平台、水务环保、电子商务等产业上，也走在同行业的前列，具备了强大的竞争力。2015 年 4 月，中建电子商务有限责任公司成立，以云筑网为核心品牌，旗下拥有云筑电商、云筑劳务、云筑金服、云筑数据和云筑科技 5 个子品牌，业务覆盖电子商务、劳务管理、供应链和普惠金融、大数据和智慧工地。2016 年，中建集团物资集中采购率达 92.6%，总体采购成本降低 2.56%。云筑劳务第一次实现了建筑工人工作、生活、党建等全职业生涯周期管理与全国范围内的信息共享。截至目前，云筑金服在线供应链累计融资已达 20.24 亿元。

1.2.2　中建阿尔及利亚之路

中建阿尔及利亚公司成立于 1982 年，是中建集团践行"走出去"战略的排头兵。中建阿尔及利亚公司经历了 5 个独具特色的发展阶段：初创时期、坚守时期、转折时期、跨越时期和转型时期。1982 ~ 1990 年公司处于初创时期，中建集团积极践行"走出去"国家战略，在阿尔及利亚（简称阿国）设立经理部，通过承揽埃因奥瑟新城规划（一期）项目和鲁伊巴 200 套住房项目逐步打开阿国建筑市场。直至 1990 年公司将业务逐步拓展到学校、医疗、水塔和基础设施领域。1991 ~ 1996 年，公司处于坚守期，与阿国共克时艰。这期间阿尔及利亚国内动荡，多数项目被迫搁置，公司"重义守约"积极保护资产，并与阿国人民共渡难关。1997 ~ 2000 年，公司处于转折期，其利用松树喜来登酒店项目，为阿国顺利举办第 35 届非统首脑会议提供了保障，在此期间，中国建筑优质高效的一流承包商形象已在阿国政府和人民心中植根。2001 ~ 2014 年，公司处于跨越期，公司抓住布特弗利卡总统推出的重点民生工程，拓宽了阿国建筑市场规模，进入快速发展阶段。2014 年至今，公司在阿国建筑市场的低迷期，坚持效率优先，着力打造企业核心竞争力，实现业务多元化，业务属地化，积极开拓投资领域业务，以此助力公司转型战略，在阿尔及利亚各建筑领域创造一个个非凡工程。

（1）阿尔及尔国际会议中心

阿尔及尔国际会议中心工程（Centre International de Conférencesd'Alger，以下简称"CIC"）地处北非阿尔及利亚首都阿尔及尔国家宫地中海畔，与法国、意大利隔海遥望，项目占地面积约为 27 万 m²，建筑面积 23 万 m²，采用 DB 建造模式，政府投资，无税合同总额约合 50 亿元（人民币），合同范围包括深化设计、工地安置、结构、装修、机电、室外道路、园林绿化、家具、织物、室内外标识、车辆等交钥匙工程内容。

业主设计监理为意大利的 FABRIS&PARTNERS，工程主要采用法国及欧洲标准设计与施工管理。中建阿尔及利亚公司作为工程总承包商接力各专业深化设计、采购及施工任务，本项目 2011 年 4 月 1 日动工建设，并于 2016 年 9 月 5 日竣工验收，如图 1-3 所示。

图1-3　阿尔及尔国际会议中心项目实景

（2）南北高速公路项目

2012 年 4 月 2 日，中建集团与阿尔及利亚国家高速公路管理局（ANA）签订南北高速公路希法段（CHIFFA）合同，项目合同额为 11.58 亿美元。设计单位是 APD（西班牙 TEC4 公司）和中交第一公路勘察设计研究院有限公司，监理单位是 BCS 联合体（由 COBA、SAETI、LCTP 三家公司组成）。项目全长 53km，包括 3km 的隧道和 17km 的桥梁，是南北高速公路的起点和咽喉地段，穿越阿特拉斯山脉。项目于2012 年 11 月 5 日开工，工期为 36 个月。阿尔及利亚南北高速公路为 1 号国道，北起地中海，穿越撒哈拉沙漠，向南延伸至中部非洲腹地，对阿尔及利亚经济发展和国家安全均具有重大战略意义，如图 1-4 所示。

（3）阿尔及尔机场新航站楼项目

2014 年，中建阿尔及利亚公司签约阿尔及尔机场新航站楼工程（图 1-5），新航站楼总面积 20 万 m^2（是当时正在使用的 T2 航站楼面积的 2.5 倍），年客流接待能力100 万人次。项目合同额约 8.9 亿美元。阿尔及尔机场新航站楼项目是中建阿尔及利亚公司继十年前承建布迈丁国际机场后再次承接该机场的扩建工程。

图1-4　阿尔及利亚南北高速实景

图1-5　阿尔及尔机场新航站楼项目照片

（4）阿尔及利亚大清真寺项目

　　本书所涉及的阿尔及利亚大清真寺项目也是中建阿尔及利亚公司在阿国构建的极具宗教文化和历史地位的典型项目。大清真寺项目是全球第三大清真寺项目，位于阿尔及利亚中轴线，拥有40万 m^2 的建筑面积，单日可容纳10多万人，包含祈祷大厅、宣礼塔、广场和古兰经学院等12座建筑。大清真寺项目主合同金额高达15亿美元，其规模庞大，项目具体效果详见图1-6。

图1-6　阿尔及利亚大清真寺

1.2.3　中建阿尔及利亚公司的海拓精神

中建阿尔及利亚公司拼搏进取、开拓创新的海拓精神是其不断发展的重要支撑。1982 年至今，近 40 年的深耕细作，中建阿尔及利亚公司始终秉承海拓精神，拼搏进取，精心布局谋划，应对诸多困境和挑战。企业内部不断完善履约管理，通过直营模式为主，系统联营成建制模式、组团模式和国际总承包模式为辅的项目投资管理新模式，为成为环地中海区域最具综合实力的建筑承包商不断助力。

中建阿尔及利亚公司的"中建品牌"效应已经在阿国建筑市场形成。中建阿尔及利亚公司已经拓展了阿国 15 个业务领域，涉及精品住宅、酒店、商业、宗教、医疗、基础设施和投资服务多个业务领域，遍布了阿国 36 个省份。公司已形成符合自身发展特点的公建、房建和基础设施项目 5：3：2 的产业格局。

第2章
阿尔及利亚大清真寺项目概况

2.1 项目团队简介

中国建筑承建了阿尔及利亚大清真寺项目。中建阿尔及利亚公司与中建三局三公司通过联营体合作协议签订了世界第三大的阿尔及利亚大清真寺项目。2011 年 10 月阿尔及利亚宗教部正式授标中国建筑。大清真寺（嘉玛大清真寺）项目由国家阿尔及尔大清真寺建设和管理局投资建设，加拿大 DESSAU 公司担任业主顾问，原创设计由德国 KSP-KUK 联合体联合设计，2016 年 3 月变更为 EGIS 负责设计。

中建阿尔及利亚公司是中国建筑海外机构分支之一，1982 年作为中建集团最早的一批驻外机构进入阿尔及利亚市场，作为中建集团践行国家"走出去"战略的先行者，中建阿尔及利亚公司经过 37 年的深耕细作，逐步发展成为阿国本土市场上最大的建筑承包商。近年来，公司在阿国完美履约了大清真寺项目、阿尔及尔新机场航站楼、外交部新办公大楼、特莱姆森万豪酒店、阿尔及尔国际会议中心、康斯坦丁3000 座剧院等一大批高难度项目。值得一提的是，由中建阿尔及利亚公司建设施工的嘉玛大清真寺和阿尔及尔新机场航站楼已成为当地新地标；另外，嘉玛大清真寺还作为"国家名片"被印刷在阿尔及利亚流通的货币上。

中建三局三公司成立于 1953 年 12 月，是中建集团旗下中建三局的全资子公司，是中建集团旗下十大号码公司之一。年新签合同额逾 600 亿元，营业收入逾 300 亿元。中建三局三公司具有建筑施工总承包、石油化工施工总承包、市政公用工程施工总承包"三特级"资质，以及建筑行业（建筑工程、人防工程）、石油化工医药行业、市政行业"三甲级"设计资质，是中建集团首家拥有"三特三甲"资质的号码公司。拥有 30 余项中国建筑工程鲁班奖、中国国家优质工程奖；400 余项省部级优质工程奖；100 余项核心技术，国家专利 200 余项。公司在超高层、大型桥梁、轨道交通及站房、地下空间、山岭隧道、石油化工等领域拥有多项独到的核心技术。同时积极探索建筑 4.0 时代，在 BIM 技术、绿色建造、建筑工业化等行业前沿形成比较优势。

在大清真寺业务上，两家单位强强联合，紧密合作。参建单位还包含了中建集团旗下中建科工（原中建钢构）、中建商混、中建装饰等各大优秀专业公司，以及来自阿尔及利亚、中国、欧洲和中东的分包（供货、设计和施工）商共计 987 家。项目外部管理方包含阿尔及利亚、德国、法国、加拿大等各国管理机构，在各方的通力合作下，确保了本工程的顺利实施，打造多元优质的国际化团队，为"走出去"和"一带一路"建设树立中国典范。

2.2　项目概况

2.2.1　立项背景

中国建筑作为中国最先走出去的国际建筑承包商，在北非阿尔及利亚市场深耕三十多年，在阿尔及利亚承建大量有深远影响的地标性建筑。2011 年，中国建筑通过国际竞标击败多家国际承包商，中标阿尔及利亚大清真寺项目，成为当年度中国建筑海外史上承接的最大型公建项目。

2.2.2　项目概况

嘉玛大清真寺项目位于阿尔及利亚首都阿尔及尔港湾的中轴线位置，毗邻地中海畔，项目总占地面积 27.8 万 m^2，建筑面积 40 万 m^2，建成后将成为继伊斯兰教圣地麦加和麦地那之后的世界第三大清真寺。

清真寺总共包含宣礼塔、祈祷大厅、文化中心及图书馆等 12 幢建筑，项目平面图如图 2-1 所示。其中祈祷大厅可同时容纳 36000 人祈祷，宣礼塔总高 265m，建成后将成为非洲最高的单体建筑。该清真寺不仅是信徒们集会祈祷的场所，也是吸引研究人员、历史学家、艺术家、工艺家、学者以及旅游者和公众的中心。作为阿尔及利亚精神中心，嘉玛大清真寺将成为一个饱含历史文化的纪念性建筑。

2.2.3　建设意义

阿尔及利亚大清真寺是阿尔及利亚人民的一张名片。规模宏大的大清真寺不仅肩负着复兴阿尔及利亚及周边阿拉伯语非洲国家文化的使命，还是一道连接过去与现在的坚固纽带，它代表的文化文明凝聚了所有阿尔及利亚文化遗产要素。阿国人民需要一座宏伟的建筑，来纪念伟大的历史、彰显深刻的决心、筑成精神的寄托、突显后辈的忠诚、保证代代的相传；阿国人民需要一座与光辉历史相称的建筑，正像阿尔及利

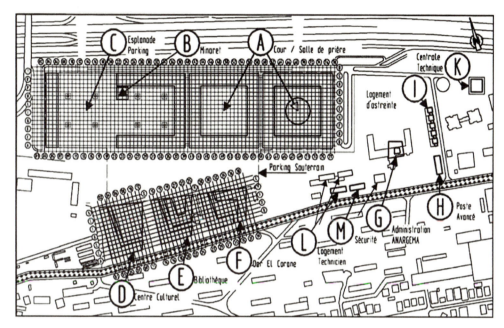

图2-1　大清真寺项目平面图

A-祈祷大厅及庭院；B-宣礼塔；C-广场及停车场；D-文化中心；E-图书馆；F-古兰经学院；
G-行政中心；H-民防岗哨；I-值班房；K-技术中心；L-技术间；M-安全中心

亚嘉玛大清真寺这样宏伟、卓越的建筑，让四面八方乃至世界上最遥远的角落都能够听到他们的声音，这声音能传播在非洲大陆、传播在阿拉伯国家、传播在与我们共享数世纪之久的地中海南岸。作为建设者，中建阿尔及利亚公司员工努力做的，是让阿国人民的遗产和成就能够永远流传，并深深印刻在后辈人的心中。

该建造计划最早在1963年被提出，是阿尔及利亚人民取得民族解放战争胜利后迫切渴望民族复兴的伟大梦想。因此阿尔及利亚大清真寺是一座寄托了几代人民期望的建筑。

（1）文化复兴的象征

在阿尔及利亚大清真寺建成之前，来到阿尔及尔海边，映入海上旅行者眼中的第一个标志是非洲圣母院大教堂（Notre Dame d'Afrique）。这座建筑虽然享有盛名，但却与阿尔及利亚人民的文化和精神遗产不相符。殖民统治者曾妄图迫使阿尔及利亚人民改信天主教，甚至于在这片土地上抹去阿尔及利亚人民自己的文化与宗教，摧毁清真寺，将清真寺变为教堂。所幸的是阿尔及利亚人民的奋起反击没能让殖民统治者得逞，人民通过清真寺成功地抵抗了殖民者的文化与宗教入侵，并且完整地保留了这些宗教遗产。

因此，阿尔及利亚人民在民族解放战争胜利以后，便计划在抵挡外族入侵的港口边修建一座伟大的清真寺，实现伊斯兰文化的伟大复兴。

（2）人民归属感的标志

阿尔及利亚是一个政教合一国家，政府需要这样一座伟大的建筑增加人民对国家的认同感和归属感，让政治和文化发扬光大。阿尔及利亚大清真寺高耸入云的宣礼塔，是地中海沿岸乃至全世界最高的宣礼塔，象征着驱散了所有无明黑暗的灯塔，为人民的心灵带去慰藉与欢乐，它散发出属于阿尔及利亚人民的精神之光，充满着善良、仁慈、博爱、和谐、安泰，为迷路的人们指引方向，引导他们来到一个宁静、充实的避风港。

2.3 本章小结

中国建筑中标的阿尔及利亚大清真寺项目是当年中建集团海外史上承接的最大型公建项目。阿尔及利亚大清真寺作为世界上第三大清真寺，它不仅是一座供祈祷宣礼的宗教建筑，更是这个国家、这个民族的精神中心。中国建筑历时 8 年圆满地完成了该项目，意义非凡。

第3章
伊斯兰宗教建筑特点和实施难点

3.1　伊斯兰宗教建筑特点

在伊斯兰教中，清真寺是宗教建筑的主要表征。清真寺是伊斯兰教建筑群体的型制之一。其是穆斯林举行礼拜、穆斯林举行宗教功课、举办宗教教育和宣教等活动的中心场所，亦称礼拜寺。系阿拉伯语"麦斯吉德"（即叩拜之处）意译。《古兰经》云："一切清真寺，都是真主的，故你们应当祈祷真主，不要祈祷任何物"。

清真寺由于其特殊的宗教地位和社会功能，其装饰特点主要有如下3个方面：变化多样的外观，丰富的宗教元素和复杂的装饰手法。

3.1.1　变化多样的外观

世界建筑中外观最富变化，设计手法最奇巧的当是伊斯兰建筑。欧洲古典式建筑虽端庄方正，但缺少变化的妙趣；哥特式建筑虽峻峭雄健，但雅味不足。印度建筑只是表现了宗教的气息。然而，伊斯兰建筑则奇想纵横，庄重而富变化，雄健而不失雅致。其横贯东西、纵贯古今，在世界建筑中独放异彩。

清真寺的外观，充分体现了伊斯兰建筑的外观特点，结合了所有建筑风格的优点，既保证了造型丰富变化，又不失宗教建筑特色，如清真寺的穹顶，有圆形、葱形和圆锥形（图3-1），建筑师可以结合当地建筑特色自由选择。

图3-1　圆形穹顶、葱形穹顶和圆锥形穹顶

3.1.2　丰富的宗教元素

清真寺集中伊斯兰建筑的所有宗教元素，其中最典型的是以下5种：

（1）穹顶（图3-2）：穹顶是一个中空的半球形，由同心且互相交叉的拱形成，广泛存在于伊斯兰建筑中。在早期，使用穹顶是为了增加清真寺内的空气和光量。随着时间的推移，穹顶内外部的美学价值逐渐地大于功能价值，它在伊斯兰宗教建筑中演变成一种与组成清真寺的其他建筑元素相协调、平衡的装饰元素。

（2）邦克楼：邦克楼是伊斯兰教清真寺群体建筑的组成部分之一，是阿拉伯语音译，意为尖塔、高塔、望塔，即宣礼塔。专门用作宣礼或确定斋戒月起讫日期观察新月，是清真寺建筑的装饰艺术和标志之一。作为伊斯兰建筑主要组成要素，邦克楼已成为清真寺的主要标志。

（3）开孔：所谓开孔，即门和窗的形式，一般是尖拱、马蹄拱或是多叶拱。亦有正半圆拱、圆弧拱，仅在不重要的部分使用。

（4）纹样（图3-2）：伊斯兰的纹样堪称世界之冠。以一个纹样为单位，反复连续使用即构成了著名的阿拉伯式花样。另外还有文字纹样，即由阿拉伯文字图案化而构成的装饰性的纹样，用在建筑的某一部分上，多是古兰经上的句节。纹样多雕刻在石膏、木材和石头上。因此清真寺外观多以样式变化多端的文字纹样、几何纹样和植物纹样组成，外立面材料多以砖石为主。

（5）格栅（图3-2）：阿拉伯式样格栅是伊斯兰建筑装饰的一种，因其具有的宗

图3-2　阿尔及利亚大清真寺八角柱、雕刻、格栅、穹顶、拱门等元素

教、社会和建筑特性而被伊斯兰装修师使用。在建筑方面，它可以实现改变光线投射方向的效果，从而使得光线进入室内后均匀地分布在空间内。同时还能够降低热度，过滤空气，通过格栅上的孔洞实现持续通风，这使得房间的空气能够一直保持纯净和凉爽。

3.1.3　复杂的装饰手法

清真寺装饰艺术的特征足以采用一种特殊的造型、形式、色彩、材质和多种多样的装饰技巧以及独有的审美特征体现出来。其是集实用功能、审美功能、认识教育功能于一体的艺术形式。蕴涵着地域环境、民情风俗、审美价值等丰富的内容，呈现出浓郁的风格特点。这些装饰艺术的特征，影响着人们的情绪，净化着穆斯林们的心灵，给观赏者以建筑装饰艺术的造型、色彩、纹饰的美感，获得审美的愉悦。

这一特点主要表现在以下几个方面：

（1）纹样是用各种软花纹和几何形花纹，按十字、米字、田字、方、菱、圆、曲线等方法设计。此外，在建筑装饰上有很多"共享"的建筑符号系统，如：空中闪闪发光的新月、雄伟壮观的拱券大门、高矗夺目的宣礼塔楼、繁密丰富的装饰纹样，充分表明信仰和美是可以统一的。

（2）装饰种类上强调单一性。伊斯兰教建筑装饰是拒绝具象的严格宗教艺术，看不到纯粹的绘画和雕塑，看不到崇拜的偶像，反对描绘生命体。从而发明和制作了大量抽象的、精美的纹饰艺术。

（3）装饰方式的变化性。伊斯兰教认为变化不仅是物质的形态，也是美的表现，是美的源泉。表现在装饰方式上，采用写实的、变形的、夸张的、抽象的造型手法，雕刻、彩绘、翻制、打磨、烧制等造型手段，美化建筑群体，使欣赏者对其高超的技艺，丰富的变化惊叹不已。

（4）装饰纹饰艺术注重美的形式法则。讲究重复、整齐和规则的排列，对称、均衡和节奏的置陈。使得伊斯兰教建筑装饰艺术拥有独树一帜的特点。

（5）装饰艺术的表现特征。伊斯兰教认为，"空间是魔鬼出没的地方"，故应以稠密的纹饰填满空间，世间纯粹的空白并不存在，真主无时无处不在。所以伊斯兰教民间艺术家们在形式上采用复杂繁缛的装饰纹样，形成繁复华丽的美，反映了伊斯兰艺术崇尚繁复、不喜空白的审美特征。

阿尔及利亚大清真寺祈祷墙内的装饰和雕刻石材分别如图 3-3 和图 3-4 所示。

图3-3　阿尔及利亚大清真寺祈祷墙装饰

图3-4　阿尔及利亚大清真寺祈祷墙内的雕刻石材

3.2　丰富的宗教建筑装饰给项目管理带来的困难

面对如此重要又如此复杂的项目，作为一个非穆斯林承包商，如何更好地通过建筑表达阿尔及利亚人民的需求，通过细节诠释文化是我们遇到的最大难题。具体表现在以下 3 方面：宗教文化复杂导致设计管理难度大，装饰材料特殊导致材料采购困难，装饰工艺复杂导致现场管理难。

3.2.1　宗教文化复杂导致设计管理难度大

文化是人类文明的传承，对文化的理解需要丰富的历史积累和沉淀。虽然大的方向是一样，但受限于个人主观认识，对于细节的理解千差万别。

1）宗教元素选择无标准规范参考

对于一个文化元素的设计，历史传承了大量案例。在原设计阶段，关于装饰类做法仅仅提供了概念图纸和参考照片，以及对相应材质和性能的要求。最终实施需要承包商根据原始设计进行深化，提供详细的深化设计图、材料技术卡片和样品、色卡、渲染效果图。

在宗教元素设计方面，只有以往各种类型清真寺的相关经验参考，无具体的图案选择标准，并且伊斯兰文化有多个分支，阿尔及利亚属于马格里布地区风格，因此，设计不光要考虑传统伊斯兰风格，还要兼顾马格里布特色。如在阿尔及利亚大清真寺有各类书法装饰带，长度达到 6000m，主要是石膏雕刻书法、石材雕刻书法、木雕刻书法和手绘书法（图 3-5）。各类文字均来自《古兰经》，但是在哪个部位用哪段文字，选用何种字体，并没有统一的标准。需要对伊斯兰文化非常精通的设计师根据自己对经文的理解和其他清真寺的经验自己选择。并且需要有充分的理由从美学、宗教学、社会学各方面说服层层审批者。

2）方案审批难度大

由于文化元素在伊斯兰宗教建筑装饰上的地位非常重要，因此，外部审批方特别重视文化元素方案的审批。所有的装饰方案需要经过监理、业主、宗教部代表审批。有些重要方案选择需要国家宗教部审批，通过审批的方案在宗教部注册后才可以开始加工。

由于标准不统一，各方对文化的理解和审美不一样，各方意见不统一，并且各方坚持自己的意见不动摇，往往为了一个方案需要反复设计六七版。一套图纸的审批平均耗时 1 个月，有些甚至需要审批两三个月，开多场专题会才能确定一批图案选型。

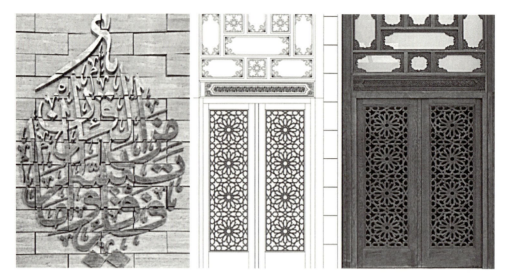

图3-5　清真寺雕刻石材上的书法文字及木门上的几何雕刻图案

这种情况对工程设计进度造成很大的困难。

　　为解决设计问题，项目聘请多位伊斯兰宗教文化专家作为项目顾问，由顾问拟定具体的设计方案，通过样品、样板和3D效果图给各方展示。并与各审图机构、监理方加强沟通，以方案审批和意见解决为基本原则，确保方案尽快获得审批。

3.2.2　装饰材料特殊导致材料采购困难

　　以内装为例：阿尔及利亚大清真寺项目内装工程划分为15个分项。从基层到面层，材料种类上百种，工艺做法近700种。不仅材料种类多，数量也相当庞大，表3-1列举了部分材料。

大清真寺项目主要装饰材料表　　　　　　表3-1

材料名称	单位	数量
次结构	t	6000
石材	m²	400000
涂料	m²	52400
环氧地面	m²	140000
门	樘	4973
标识牌	块	5023

部分材料为非标材料，加工需要定制模具和设备。以门为例：大清真寺项目内装门数量庞大，种类多样，主楼总计 4973 樘，11 个种类。其中金属平开门与木质平开门占多数，分别占 30% 及 39%。金属门门扇单层钢板厚度 1.5mm（正常金属门钢板厚度在 0.7～0.8mm），大多数厂家都无法生产该厚度的门板。单扇门门洞宽度超过 1.4m，高度超过 3m；双扇门门洞宽度超过 3.14m，一般的厂家根本没有相应的模具和加工设备。

在石材选型方面，大清真寺有各类石材近 40 万 m²，各种部位对石材的色泽、强度要求各不相同。为寻找合适的石材，项目部找遍中国、德国、意大利、西班牙、葡萄牙、埃及、希腊、土耳其、马其顿等世界各地，累计向业主报送石材种类上百种，但最终被确定使用的只有约 30 种（中国汉白玉、西班牙米黄、埃及米黄、意大利雪花白、丹东绿、南斯拉夫白、西班牙黑色大理石、土耳其红色大理石、新西兰灰等）。

装饰做法的特殊，使加工难度大。市面上普通石材的出材率有 50% 左右，而大清真寺石材的出材率平均不足 30%，重要部位如祈祷墙石材的出材率甚至不足 10%。由汉白玉加工成的八角柱镂空墙，每平方米的石材板上要有近 500 个开孔，每一个孔的微小崩裂都会导致整块石材报废。图 3-6 为大清寺项目镂空石材加工质检环节。

图3-6　大清真寺镂空石材加工质检

3.2.3　装饰工艺复杂导致现场管理难

在宗教建筑内，大量的装饰都是工艺品，如龙门石窟的壁画，欧洲大教堂的雕塑，需要艺术家无数个日夜精雕细琢。阿尔及利亚大清真寺虽然是一座现代建筑，但对艺术的追求始终如一。在现代快节奏的社会里，建筑装饰不可能实现几十年如一日的精雕细琢，而是需要在短期内完成无数件艺术品，这无疑是对承包商巨大的挑战。

在宗教装饰施工方面，为寻找最优的解决方案，承包商需要付出比普通装饰工艺多几倍的精力去寻找资源，组织实施。最有代表性的有以下 3 个方面：

1）雕刻石材安装

阿尔及利亚大清真寺有各类石材 40 万 m^2，其中 1/4 是雕刻石材，雕刻石材主要由几何图案、植物图案和书法图案组成。由于雕刻石材的加工主要在中国，安装工人主要是中国工人，不了解伊斯兰文化，不认识阿拉伯文字。虽然有加工图，但经常发生加工错误或安装错误的情况。

因此在加工阶段，对每块石材进行编码，通过编码明确石材的安装位置，根据编码装箱海运。石材到场后，在安装前，由专职工人在地下按照图纸顺序将石材按照顺序堆放，由宗教顾问去现场核对图案加工和摆放顺序是否正确，经确认后才可进行安装。并且由于都是非标准石材，每加工错一块或安装损坏一块，都只能从远在欧洲或中国的工厂补货，来回最少需要 2 个月时间。

2）石膏雕刻施工（图3-7）

阿尔及利亚大清真寺项目，有近 7000 m^2 雕刻石膏，由专业匠人将石膏抹到墙上，在石膏完全硬化前将图案一刀一刀雕刻上去。由于石膏雕刻是古老工艺，专业匠人非常稀少。为了寻找这样的匠人，项目通过政府和宗教协会帮忙，寻遍北非地区，从阿尔及利亚、突尼斯、摩洛哥找到 30 个匠人完成所有石膏雕刻工作。匠人们的工作都必须一丝不苟，一个小错误或瑕疵，都会导致几天的工作白费。

3）手绘书法施工

在祈祷大厅内穹顶周边的 44m 高空，有一圈长 130m 的手绘书法，需要书法家在基层施工完成后，一笔一笔亲手写上去。书法家需要经过业主、监理、宗教代表和宗教部的面试认可。书法家的工作环境必须十分稳定，所以，采用举人车将书法家送到 44m 高空书写则不现实。为了解决书法家工作环境问题，项目将穹顶钢结构安装时支撑的临时胎架保留到书法装饰带施工完成、验收合格后再拆除，最后通过其他措施拆除胎架，并减小胎架对地面和通道施工的影响。

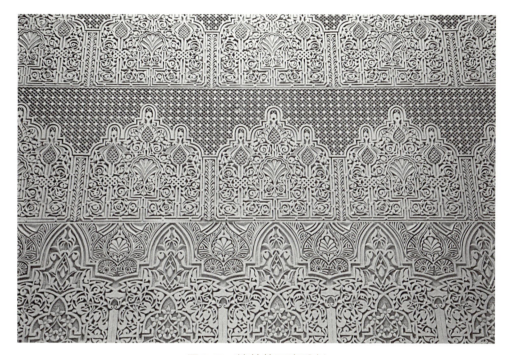

图3-7　精美的石膏雕刻

3.3　本章小结

　　文化是一个民族精神的传承，是一个宗教最具特色的元素，是一个国家对外展示的窗口，因此，在伊斯兰国家，阿尔及利亚大清真寺作为一个国家明信片工程，各参与方和社会各界对建筑文化元素的要求必定十分严苛。作为一个非穆斯林的总承包商，如何理解对方的文化，如何实现对方的需求，是一项极具挑战并且有意义的工作。本章通过分析伊斯兰文化特点，介绍阿尔及利亚大清真寺的文化元素特征，分析承包商在项目管理过程中的难点和解决措施，为今后类似的工程提供宝贵经验和借鉴依据。

第4章
大清真寺项目外部环境变化对项目管理的影响

4.1 建造历程

　　阿尔及利亚大清真寺项目历经了 8 年的承建,成效显著。2011 年 10 月 19 日,阿尔及利亚宗教部发布公开授标通知,宣布中国建筑股份有限公司中标阿尔及利亚嘉玛大清真寺项目(Djamaâ el Djazaïr)。此为大清真寺项目的建造起点。2011 年 10 月 31 日,阿尔及利亚时任总统布特弗利卡先生亲自为项目举行奠基典礼,正式启动该项目(11 月 1 日为阿国国庆节)。2012 ~ 2019 年间,项目逐步实现了里程碑事件的完美履约,其主要任务和进度如图 4-1 所示。

 2012

- 3 月 20 日项目开工令生效
- 5 月 20 日项目举行开工仪式
- 10 月 20 日宣礼塔试验桩施工完成

 2013

- 4 月 15 日宣礼塔正式启动施工
- 7 月 13 日祈祷大厅底板施工完成
- 8 月 28 日祈祷大厅的抗震支座安装完成

 2014

- 5 月 10 日宣礼塔底板浇筑完成
- 9 月 27 日祈祷大厅出 ± 0.000

 2015

- 4 月 12 日宣礼塔出 ± 0.000
- 6 月 30 日祈祷大厅混凝土结构全面封顶
- 8 月 13 日文化中心混凝土结构全面封顶
- 12 月 30 日宣礼塔主结构施工至 130 层

 2016

- 3 月 15 日广场主体结构封顶
- 11 月 15 日祈祷大厅全面进入外装施工
- 11 月 20 日预制混凝土柱帽全部施工完成
- 12 月 16 日宣礼塔混凝土浇筑标高达到 223.5m,正式成为非洲第一高楼

 2017

- 3 月 10 日宣礼塔混凝土结构封顶
- 4 月 20 日祈祷大厅普通装饰施工启动
- 7 月 5 日祈祷大厅伊斯兰风格装饰施工启动
- 8 月 25 日宣礼塔钢结构封顶

 2018

- 4 月 15 日宣礼塔外立面施工全面开展
- 4 月 22 日祈祷大厅柱帽内施工完成
- 7 月 15 日祈祷大厅穹顶外装施工完成
- 8 月 30 日宣礼塔外立面施工完成
- 10 月 28 日祈祷大厅伊斯兰风格装饰完成

 2019

- 4 月 25 日祈祷大厅、宣礼塔和庭院可视化验收启动
- 5 月 23 日古兰经学院可视化验收开始
- 6 月 19 日机电系统验收启动
- 9 月 15 日能源中心冷机调试完成

图4-1 项目发展历程

4.2 外部环境变化对项目管理的影响

大清真寺项目的建设进程受阿尔及利亚总统密切关注，由总理亲自审批，为宗教部直接管辖，其政治地位同样突出。但项目管理是一项专业化程度很高的工作，涉及大量沟通协调以及技术讨论。为配合施工过程中中国建筑在土地移交、对外协调、市政接入等方面的需求，2012 年 10 月 9 日阿尔及利亚五位部长（住建部、水利部、培训部、公路工程部、宗教部）亲临现场以解决问题。

2013 年 11 月 13 日，为大清真寺项目辛勤操劳的管理局局长 Alloui Mohamed Lakhdar 在工作岗位上逝世，该岗位 2013 年底由 B.Hamdi 先生继任。

为了站在更高层次把控全局推进大清真寺项目建设，2014 年 12 月 12 日大清真寺管理局的主管部门由宗教部转为住建部。

在主体工程施工阶段，德国设计院提供的主体工程施工图基本能满足施工需要。但德国设计院并没有在现场安排具备决策权的专家，只派遣了负责一般监理任务的属地化工程师。基本所有技术文件的审批都要由德国工程师处理，庞大的审批工作量极大限制了现场工作的正常运转，并且一旦监理发现文件审批超过合同规定的 14 天时限，其便能以任意理由直接拒绝文件，要求重新报审。工程监理方面，监理人员的数量与职级被业主严格限制，德国设计院在招聘年轻员工时往往以不满足业主要求的 10 年以上工作年限为由直接拒绝。所有预审名单都需要经过业主方同意才能够招聘，导致现场监理数量不足，不能依据实际施工情形对施工图进行自由裁量，又严重打乱了现场的施工节奏。

2015 年设计问题愈发突出，承包商报审或需要设计院提供的 27500 份图纸、材料和设备技术卡片及计算书中，只有 1000 份得到了回复。

同年年底，因为德国设计院联合体和业主之间存在合约纠纷，设计院联合体两次停工退场，无人审批图纸和验收现场，但其又拒绝交出完整的原始设计文件与模型。住建部因此组织了 5 家阿国较大的设计院组成临时团队，配合业主团队临时履行监理责任。

主管部门住建部也在 2015 年 10 月 25 日更换清真寺管理局局长，继任的 Mohamed Brahim Guechi 先生采取更为强硬的态度来处理与德国设计院以及加拿大业主顾问之间的合约问题。

为继续推进项目，业主方最终与德国设计院解除合同，与法国设计院 EGIS 在 2016 年 2 月签订监理合同，补充设计合同。对方承诺在十个月内完成所有的补充设计任务（主要为机电设备，电气，暖通，给水排水等专业），并承诺在现场设置 20

个有决定权的法国专家岗位以及 65 个属地化工程师岗位，同时在法国总部配备时刻待命的 20 位法国专家，共同完成监理及补充设计任务。

主管部门在更换业主和设计院后频繁地视察现场并检查工程进度，面对无法确定的大量材料和尚未批复的大量图纸，局长 M.Guechi 并不能拿出一份确切的完工计划。2017 年 7 月 16 日，时任总理 Abdelmadjid Tebboune 当面斥责 M.Guechi，并当场罢免其职务。同日，Badreddine Defous 被指定为新任大清真寺管理局局长。在新任局长的组织协调下，2018 年底我方完成当局主管部门制定的 2018 年底基本完工的目标。

6 年间大清真寺项目业主团队更换了 4 任负责人和 2 个设计院，中方的管理人员也历经了三轮更迭，最终，中建阿尔及利亚公司同业主、监理一起克服了种种困难，组织力量完成了所有的设计工作，上千种材料的选择、审批、供货以及各项分部工程的施工。

除上述项目层面的环境变化，宏观经济政策环境的变化同样可能对海外工程实施造成巨大影响。其主要集中于以下 3 个方面：

（1）宏观经济方面的风险，由于项目具备投资大、周期长等特点，易受到汇率波动、通货膨胀、国际油价下跌等因素的影响。

（2）潜在的政策变动风险，大清真寺项目面临诸多类似政府政策、税收制度变化等方面的风险。

（3）不可抗力的风险，主要包括宗教活动、极端势力和恐怖事件等不确定性要素，其可能导致项目施工受到阻碍甚至威胁人身财产安全。

由图 4-2 ~ 图 4-5 不难发现，阿国的外汇储备和外汇汇率波动较大，宏观经济环

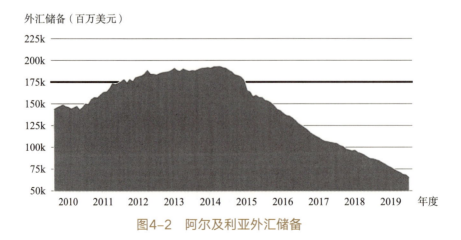

图4-2　阿尔及利亚外汇储备

图4-3 阿尔及利亚外汇汇率

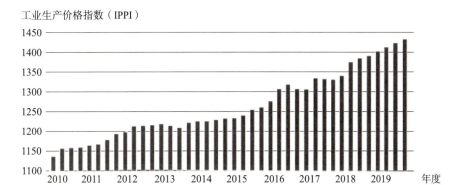

图4-4 阿尔及利亚工业生产价格指数

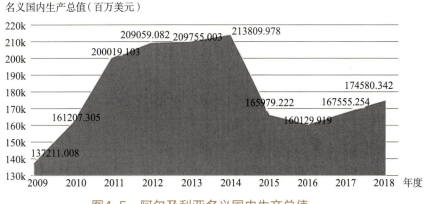

图4-5 阿尔及利亚名义国内生产总值

境不稳定，短期内爆发经济风险的可能性较大。此外，工业生产价格指数和国内生产总值同样存在这一问题，它可能对材料设备的采购以及职工薪酬的支付产生不利影响。中建团队时刻关注不同层次的风险因素，制定相应的风险预案，确保大清真寺项目的顺利建设。

4.3 本章小结

项目开工后面临的困难和挑战不计其数，其主要体现在组织和管理难度大，技术要求高两个方面：首先，工程体量巨大，全过程需要完成 2.5 万张图纸的设计、超1.2 万个集装箱的进口以及 4000 多名工人的协调，整体施工组织和协调管理难度大。此外，项目参与方众多，德国设计院、法国监理、加拿大业主顾问以及几千家来自世界各地的分供商共同参与到项目建设。庞大的项目团队充斥着不同的文化背景、语言体系和利益诉求，要求承包商具备较强的沟通协调能力来平衡各方，推动工程进展。这给中建集团的整个实施过程带来了设计管理、采购跟踪、供应、计划管理、施工组织、人员设备调配等方面的巨大挑战，同时也是对中国建筑团队管理水平的考验。

第 2 篇

基础管理篇

第5章
大清真寺项目组织管理

　　大清真寺项目作为特大型项目，合同额达 15 亿美元，涉及不同专业、不同国家的项目参与方及各分供商，中建阿尔及利亚公司也是第一次组织这样特大型的项目建设，公司依据多年的项目管理经验和大清真寺项目的组织特征，不断探索与建设项目相适应的组织管理模式。在大清真寺项目建设过程中，随着项目所处阶段不同，工作重心会发生转移，项目组织结构会随着项目进度及需要不断调整。大清真寺项目建设涵盖三种不同的组织管理模式，本章分析了三个不同阶段的组织结构体系，并指出了不同阶段组织结构调整的意义，便于其他项目借鉴。

5.1　传统工程项目组织结构形式

5.1.1　工程项目EPC模式的概念

　　根据中国对外承包工程商会发行的《国际工程总承包项目管理导则》的规定，EPC（Engineering-Procurement-Construction）一般指项目管理企业承担全过程项目管理任务，工程总承包企业承担前期规划、设计、采购和施工全过程管理任务的一种总承包模式[5]。在这种模式下，按照承包合同规定的总价或可调总价方式，由工程公司负责对工程项目的进度、费用、质量、安全进行管理和控制，并按合同约定完成工程[6]。

　　1）EPC工程总承包商的主要工作范围包括：

　　（1）设计（Engineering）——提供设计图纸和计算书，以及在总承包合同中约定的设计工作。

　　（2）采购（Procurement）——购置建设工程项目所涉及的各类设备材料，购买土地以及可能的融资。

　　（3）施工（Construction）——全面的施工管理，如施工安全管理，施工进度控制，设备安装调试等。

2）EPC的适用情况及特点

EPC 工程总承包模式主要适用于建设周期有限，核心技术复杂，同时工程项目业主缺少项目建设经验和管理能力又追求减少管理范围和界面的工程建设项目，具体广泛应用于石油、化工、核电、冶金、制药等工业建设领域。EPC 工程总承包模式在国内外的运用没有较大差异，所不同的是其中招标图纸达到的设计深度——国外按行业惯例要求到概要设计，较国内按政府规范要求的方案设计要更加深入[7]。

EPC 工程总承包模式区别于其他工程建设项目管理模式的主要特点表现在以下两个方面：

一方面，EPC 工程总承包商承担更大的责任与风险，大幅降低了工程项目中业主管理所建工程项目的难度[8]。在传统项目承包模式中[9]，工程项目业主和各专业承包商对因己方过失造成的风险负责，分担工程建设项目的风险；在不可抗力和不可预测的情况下，业主往往还需承担工程建设项目的整体风险。然而，在 EPC 工程总承包模式下，EPC 工程总承包商承担工程建设项目绝大部分风险，甚至业主过失风险[10]。

另一方面，EPC 工程总承包商代替工程项目业主或施工承包商对设计、采购、施工等单元全面负责，在工程建设项目中的控制力度得到大大加强[11]。EPC 工程总承包模式可以充分借鉴 EPC 工程总承包商在所建工程建设项目领域的管理经验，有利于对建设过程中活动、资源、组织等的集成管理，避免由于管理界面重合或间隙造成的浪费以及由此产生的对工程建设项目管理目标的诸多负面影响[12]。作为 EPC 工程总承包商，其可以充分发挥自身的专业管理优势、能力和智慧，通过进行有效的内部协调和优化组合为业主排忧解难[13, 14]。

针对传统项目承包模式中出现的建设工期长、建设投资大、组织协调烦琐、项目工作量大、责任不明确、信息反馈不及时、施工过程脱节等诸多问题，EPC 工程总承包模式的应用优势突出表现在其一体化和专业化工程项目管理。EPC 工程总承包模式将传统承包模式中设计、采购和施工的各承包商的外部协调关系转变为 EPC 工程总承包商的内部协调关系，发挥 EPC 工程总承包商生产专业化协作的优势，减少工程建设项目建设过程中各阶段之间的矛盾，有利于缩短建设工期、控制工程质量、突出设计优势、节约建设成本，例如选择性的分段设计、分段施工和更多先进施工技术与材料的应用等[15, 16]。

3）EPC模式的优缺点

（1）EPC 模式的优点

①业主把工程的设计、采购、施工和开工服务工作全部托付给工程总承包商负责

组织实施，业主只负责整体的、原则的、目标的管理和控制，总承包商更能发挥主观能动性，能运用其先进的管理经验为业主和承包商自身创造更多的效益，提高了工作效率，减少了协调工作量 [17]；

②设计变更少，工期较短；

③由于采用的是总价合同，基本上不用再支付索赔及追加项目费用，项目的最终价格和要求的工期具有更大程度的确定性 [18]。

（2）EPC 模式的缺点

①业主不能对工程进行全程控制 [19]；

②总承包商对整个项目的成本工期和质量负责，加大了总承包商的风险，总承包商为了降低风险获得更多的利润，可能通过调整设计方案来降低成本，可能会影响长远意义上的质量；

③由于采用的是总价合同，承包商获得业主变更及追加费用的弹性很小。

5.1.2 海外工程项目EPC管理模式的类别

在实际运用中，根据海外项目自身特点和各参与主体基于项目管理的具体需要，可以将 EPC 模式进行创新和衍生，目前在海外工程 EPC 项目的实践中，常见的有 EPC+F 模式、F+EPC+O 模式、EPC+O&M 总承包模式、I+EPC 模式、PPP+EPC 模式、BOT+EPC 模式、EPCM 模式、PMC+EPC 模式、IPMT+EPC+ 工程监理 9 种模式。

1）EPC+F模式

EPC+F（Engineering Procurement Construction + Finance）模式是由政府或政府授权的项目业主负责选择投资建设人，并由投资建设人负责项目设计、采购、施工建设以及筹资或协助项目融资，待项目竣工后，再由项目业主按照合同约定进行债务偿还的一种合作模式。作为一种建设方式，EPC 同传统工程招标相比，优势体现在服务链条的衍生性和服务内涵的丰富性。部分地区将 EPC 与投融资相结合，形成 EPC+F 模式。

在实践中，裂变出 EPC+ 各类延期、EPC+ 分期付款、EPC+ 包干前期费用及EPC+ 运营补贴等模式 [20]，具体表现形式如下：

（1）EPC+ 各类延期、分期付款：此类 EPC 合同是采用标准合同范本，进度款支付比例按照国家要求执行，但在合同违约责任中增加了无法按期付款的违约金计取约定，以违约罚息的方式向承包人支付延期付款的财务费用，将原来的主观违规举债行为变为被动的客观违约事实。

（2）EPC+包干前期费用：此类合同是在标准 EPC 合同中借鉴目前 PPP 项目合同的做法：增加向发包人一次性或分期支付前期费用垫付条款（如前期咨询费、征用拆迁补偿款等）。约定在项目竣工验收后由政府方根据资金占用情况偿还本息。

（3）EPC+运营补贴：此类项目一般为可产生现金流，且项目后期的管理与建设的关联性较强的项目（如河道清淤、城市保洁清运、商业开发运营等），由建筑企业在 EPC 合同约定勘察设计及建设的相关内容，并增加后期一定年限内运营的约定，根据建设进度支付建设款项或在运营期与运营考核挂钩后，考虑建设期财务成本在运营期内分期支付。

EPC+F 模式具有以下优点：

EPC+F 项目是在工程总承包模式下，企业不仅按照合同约定，承担工程项目的设计、采购、建筑施工、试运行等全过程或若干阶段工作，并对其所承包工程的质量、安全、环保、工期和成本造价全面负责，而且还需应业主要求为项目解决融资款。目前我国"走出去"企业境外工程市场主要分布在非洲、中亚、东南亚及南美等基建较不完善、发展相对落后，但资源较丰富的地区，EPC+F 模式的应用不仅能发挥我国大型工程企业先进的技术工艺和管理水平优势，而且在国家战略政策支持下，联动协调金融保险机构共同解决了境外业主迫切想实施基建工程但缺少相应资金的难题。

EPC+F 模式具有以下缺点：

国际政治经济形势的瞬息万变，我国与项目所在国政治、经济及社会环境的巨大差异，EPC+F 项目合同金额大、建设周期长、管理模式复杂等特点，以及企业境外项目管理经验和资源的欠缺都给企业带来了巨大的风险和挑战。

2）F+EPC+O模式

F+EPC+O（Finance + Engineering Procurement Construction + Operation）模式为融资 +EPC+ 运营，由承包商提供融资并负责运营的服务交钥匙模式。

湖北省电力勘测设计院承担的孟加拉诺瓦布甘杰 100MW 重油电站项目，为以 F+EPC+O 形式承接的国际工程。他们借助国际银行间的融资平台获得第三国的低成本长期出口买方信贷，通过工程总承包及四年运营的商业服务模式的竞标取得该项目，项目投资 1.25 亿美元。

3）EPC+O&M总承包模式

承包人负责工程的设计、采购、施工，并在完成后继续负责运营、维护。

4）I+EPC模式

I+EPC为以投资为引领的工程总承包模式，是以投资为动力，设计为龙头，实现设计、生产、采购、施工一体化的全产业链建设管理。

5）PPP+EPC模式

PPP+EPC 不是 PPP 的一种具体模式，而是在解决资金问题上融合社会资本，建设上采用 EPC 模式的组合。

该模式的优点主要在于：

（1）提高生产效率。由政府财政单独投资并进行经营管理的生产方式往往缺乏效率，比如财政资金是共有资金，使用财政资金是在"花别人的钱办别人的事"，难免缺乏效率。采取 PPP 项目模式则将"花别人的钱办别人的事"转变为企业"花自己的钱办自己的事"，必将提高生产效率。

（2）政府支持力度增加。在 PPP 模式项目的施工过程中，业主、地方政府对项目建设的支持力度相当大，在协调国土、电力、水利等部门方面尤为突出。

（3）企业更加注重成本控制。因本项目为投资型项目，在施工现场管控方面，施工单位在保证安全、质量的前提下，会更加注重成本控制 [21]。

（4）有助于提升管理人员综合素质。在 PPP 模式下结合 EPC 模式，设计院设计本工程时，在某些工程部位的设计不能直接套用以前的设计模式，而需要在符合规范的情况下更精细经济地设计规划。因此要求施工企业在设计阶段与设计单位深入沟通、密切合作，这样对企业管理人员综合能力的提高具有极大的推动作用。

（5）降低了资金回收风险。对投资型项目而言资金是否能够按期回收成为企业最大的隐忧。但就此项目而言，当地政府为了保证施工企业能够如期得到工程款，以有完全处分权的房产作为抵押财产，这在某种程度上降低了资金回收的风险。

6）BOT+EPC模式

BOT+EPC 模式，即政府向某一企业（机构）颁布特许，允许其在一定时间内进行公共基础建设和运营，而企业（或机构）在公共基础建设过程中采用总承包施工模式施工，当特许期限结束后，企业（或机构）将该设施向政府移交。该模式的优点就在于政府能通过该融资方法，借助于一些资金雄厚、技术先进的企业（或机构）来完成基础设施的建设。

BOT 是英文"Build-Operate-Transfer"的缩写，通常直译为"建设 - 经营 - 转让"。BOT 实质上是基础设施投资、建设和经营的一种方式，译为"基础设施特许权"最为合适。

7）EPCM模式

EPCM 模式，即设计采购与施工管理（EPCM——Engineering Procurement Construction Management）是指，承包商全权负责工程项目的设计和采购，并负责施工阶段的管理，这是一种目前在国际建筑业界通行的项目交付模式。同时，EPCM 管理方还需要对项目的其他方面进行管理，如：设计、采购和施工阶段的进度控制，与相关部门的沟通，准备成本规划、成本估算和文件控制等。

由于它对工程承办企业的总包能力、综合能力，以及技术管理水平的要求较高，而国内大多数施工企业在项目管理、技术创新、信息化建设上与国际水平还有一定的差距，因此 EPCM 模式在国内尚未得到普及和推广。

在EPCM模式下，业主提出投资的意图和要求后，把项目的可行性研究、勘察、设计、材料、设备采购以及全部工程的施工，都交给所选中的一家管理公司（EPCM管理方）负责实施；由 EPCM 管理方根据业主的要求，为业主选择、推荐最适合的分包商来协助完成项目，但其本身与分包商之间不存在合同关系，也无需承担合同与财政风险。

8）PMC+EPC模式

PMC（Project Management Contractor）是指项目管理承包。PMC 是由业主通过合同聘请管理承包商作为业主的代表，对工程进行全面管理。对工程的整体规划、项目定义、工程招标、EPC 承包商选择、工程监理、投料试车、考核验收等进行全面管理，并对设计、采购、施工过程的 EPC 承包商进行协调管理。EPC 工程承包商按照与业主的合同约定，全面执行工程设计、采购、施工及试运行服务等工作。

目前，国外特别是西方国家的大型石化工程建设大多采用 PMC+EPC 管理模式[22]。

9）IPMT+EPC+工程监理

IPMT+EPC+ 工程监理项目管理模式，为项目一体化管理模式。

IPMT 是 Integrated Project Management Team 的缩写，直译为项目一体化管理组。通过这种新的项目管理模式，达到优化工程组织，确保安全，提高工程质量，减少投资费用，加快工程进度，有力推动石油化工重大工程建设项目实现又好又快建设和投产的目的。

IPMT+EPC+ 工程监理项目管理模式，是借鉴国外通用的 PMC+EPC 管理模式和国内流行的业主自营管理模式的特点，结合我国石油石化工程建设实际，在项目管理模式上的探索与创新，是国外先进工程管理理论与我国工程建设实践的融合。

5.2 大清真寺项目组织结构

5.2.1 项目组织结构相关概述

1）组织结构的含义

组织结构是按照一定领导体制、部门设置、层次划分、职责分工、规章制度等构成的有机体，是可完成一定任务的社会人结合形式[23]。

2）工程项目管理组织结构形式

常用的项目组织有以下几种结构形式，它们各有其适用范围、使用条件和特点，可根据工程项目的性质、规模及复杂程度选择合适的项目组织形式组建项目管理机构[24, 25]。

（1）工作队式项目组织

工作队式项目组织的特征：

①项目经理在企业内部聘用职能人员组成管理机构，由项目经理指挥；

②项目组织成员在工程建设期间与原部门脱离领导与被领导关系，原单位负责人负责业务指导及服务，但不能随意干预其工作或调回人员；

③项目管理组织与项目同寿命；

④适用范围：工期较紧迫的项目、要求多工种多部门密切配合的项目[26]。

工作队式项目组织的优点：

①项目经理从职能部门聘用的是一批专家，他们在项目管理中配合，协同合作，可以取长补短，有利于培养一专多能的人才并充分发挥其作用；

②各专业人才集中在现场办公，减少了扯皮和等待时间，办事效率高，解决问题快；

③项目经理权力集中，干扰少，决策及时，指挥灵活；

④由于减少了项目与职能部门的结合部，项目与企业的职能部门关系简化，易于协调关系，减少了行政干预，使项目经理的工作易于开展；

⑤不打乱企业的原建制，传统的直线职能式组织仍可保留。

工作队式项目组织的缺点：

①各类人员来自不同部门，具有不同的专业背景，配合不熟悉，初期难免配合不力；

②各类人员在同一时期内所担负的管理工作任务可能有很大差别，因此很容易产生忙闲不均，可能导致人员浪费，稀缺专业人才难以在企业内调剂使用；

③职工长期离开原单位，即离开了自己熟悉的环境和工作配合对象，容易影响其积极性的发挥，容易产生临时观念和不满情绪；

④职能部门的优势无法发挥。

（2）部门控制式项目组织

部门控制式的特征：这是按职能原则建立的项目组织，它并不打乱企业现行的建制。把项目委托给企业某一专业部门或委托给某一施工队，由被委托的部门（施工队）领导，在本单位组织人员负责实施项目组织，项目终止后恢复原职。

适用范围：适用于小型的、专业性较强、不需涉及众多部门的施工项目。

部门控制式项目组织的优点：

①人才作用充分发挥；

②从接受任务到组织运转启动的时间短；

③职责明确，职能专业，关系简单；

④项目经理无需专门训练便容易进入状态。

部门控制式项目组织的缺点：

①不能适应大型项目管理需要，而真正需要进行施工项目管理的项目正是大型工程；

②不利于对计划体系下的组织体制进行调整；

③不利于精简机构。

（3）矩阵式项目组织

矩阵式项目组织的特征：

①项目组织机构与职能部门的结合部同职能部门数相同。多个项目与职能部门的结合部呈矩阵状。每个结合部接受两个指令源的命令[27]；

②把职能原则和对象原则结合起来，既发挥职能部门的纵向优势，又发挥项目组织的横向优势；

③专业职能部门是永久性的，项目组织是临时性的；

④矩阵中的每个成员或部门，接受原部门负责人和项目经理的双重领导；

⑤项目经理对调配到本项目经理部的成员有控制权和使用权；

⑥项目经理部的工作有多个职能部门支持，项目经理没有人员包袱。

适用范围：

①适用于同时承担多个需要进行工程项目管理的企业；

②适用于大型、复杂的施工项目。

矩阵式项目组织的优点：

①它兼有部门控制式和工作队式两种组织的优点；

②能以尽可能少的人力，实现多个项目管理的高效率；

③有利于人才的全面培养。

矩阵式项目组织的缺点：

①项目组织的作用发挥受到影响；

②难以确定管理项目的优先顺序，难免顾此失彼；

③双重领导；

④对企业管理水平、项目管理水平、领导者的素质、组织机构的办事效率、信息沟通渠道等均有较高要求，因此要精干组织，分层授权，疏通渠道，理顺关系。

（4）事业部式组织

事业部式组织的特征：

①事业部对企业来说是职能部门，在企业外有相对独立的经营权，可以是一个独立单位。事业部可以按地区设置，也可以按工程类型或经营内容设置。事业部能较迅速适应环境变化，提高企业的应变能力，调动部门积极性。当企业向大型化、智能化发展时，事业部式是一种很受欢迎的选择，既可以加强经营战略管理，又可以加强项目管理。

②在事业部下面设置经理部。项目经理由事业部选派，对事业部负责。适用于远离公司本部的工程承包。

事业部式组织的优点：有利于延伸企业的经营职能、扩大企业的经营业务、开拓企业的业务领域，还有利于迅速适应环境变化以加强项目管理。

事业部式组织的缺点：企业对项目经理部的约束力减弱，协调领导的机会减少，故有时会造成企业结构松散，必须加强制度约束，加强企业的综合协调能力。

（5）直线职能式项目组织

指结构形式呈直线状且设有职能部门或职能人员的组织，每个成员（或部门）只受一位直接领导人指挥。

直线职能式项目组织的特征：一般都设有三个管理层次：一是施工项目经理部，负责施工项目决策管理和调控工作；二是施工项目专业职能管理部门，负责施工项目内部专业管理业务；三是施工项目的具体操作队伍，负责项目施工的具体实施。直线职能式的项目现场组织形式是施工项目典型的现场组织形式，其原因是施工项目现场的任务相对比较稳定明确，符合直线职能式项目组织的组织要求。直线职能式项目组织能很好地适应完成施工项目现场施工任务的组织要求。

适用范围：大规模综合性的施工项目任务。

直线职能式项目组织的优点：指令源单一，有利于实现专业化的管理和统一指挥，有利于集中各方面专业管理力量，积累经验，强化管理。

直线职能式项目组织的缺点：信息传递缓慢和不容易进行适应环境变化的调整。

3）项目经理部组织形式的确定

项目经理部的组织形式应根据施工项目的规模、结构复杂程度、专业特点、人员素质和地域范围确定，并应符合下列规定：

①大型项目宜按矩阵式项目管理组织设置项目经理部；

②远离企业管理层的大中型项目宜按直线职能式、工作队式或事业部式项目组织设置项目经理部；

③中型项目宜按直线职能式项目组织设置项目经理部；

④小型项目宜选部门控制式项目组织机构；

⑤项目经理部的人员配置应满足施工项目管理的需要。大型项目的项目经理必须由具有一级注册建造师执业资格的人员担任，管理人员中的高级职称人员不应低于 10%。

4）大清真寺项目组织结构总括

大清真寺项目总承包联合体由中建阿尔及利亚公司与中建三局签署项目合作框架协议，组建联合体共同实施大清真寺项目。

中建阿尔及利亚公司在阿尔及利亚深耕 30 多年，逐渐成为当地市场上最大的建筑承包商，有以中国和欧洲市场为支撑，覆盖三地，协同支持的大资源网络平台，且获得当地政府及民众的广泛认可。

中建三局在全国建造了 20 多个省市第一高楼，拥有近万人高精尖技术人员，且在超高层施工、深基坑施工、大跨度空间钢结构体系安装、深化设计与施工、绿色施工与 BIM 技术等多个领域具有独特优势，达到国内及国际先进水平。

为便于协调内外部资源，项目初期便成立了由时任中国建筑股份有限公司副总裁陈国才、海外部副总经理李树江以及中建三局总经理易文权、中建三局总经理助理王良学、中建三局三公司董事长唐浩等组成的大清真寺项目管委会，由管委会对大清真寺项目各项工作的开展进行指导、统领和推动，并定期召开联席会议，协助解决大清真寺项目遇到的重大问题。

项目同时还整合了中建集团内部三个专业公司——中建科工（原中建钢构）、中建商混、中建装饰以及外部与中建阿尔及利亚公司长期合作的安徽建工等共同参与大清真寺项目建设。

5.2.2　项目前期组织结构设置

大清真寺项目的管理人员主要来自中建阿尔及利亚公司、中建三局三公司、中建商混等多个建筑集团，按照项目前期组织特点，划分了八个部门，如图5-1所示，由项目副总经理主持部门日常工作。

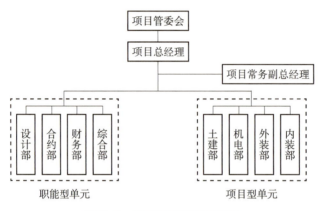

图5-1　项目前期组织结构

项目管委会下设项目总经理1名，项目常务副总经理1名，各专业部门及职能部门设项目副总经理各1名，在项目总经理的授权下，负责本部门日常管理工作，是本部门的第一责任人。

项目总经理受中建股份有限公司法人代表委托对项目进行全面管理，在授权范围内签署各类合同、项目文件等，主持项目全面工作，对项目运行中出现的重大问题及时根据授权做出决策或报告管委会，是项目第一责任人。

项目常务副总经理受项目总经理委托对工程项目现场施工进行全面管理，及时解决工程实施中出现的问题，协助项目总经理负责项目施工管理工作。

项目各职能型单元板块——设计部、合约部、财务部、综合部等部门承担项目层面不同链条上的管理职能，其中，设计部在承担建筑和结构深化任务的同时，也承担了项目上设计协调任务。

项目型单元——机电部、外装部、内装部主要工作集中在深化设计、分供商考察 / 招标 / 合同谈判、材料采购等环节，各专业间协调相对较少，仅涉及部分交叉界面问题。

项目型单元——土建部以现场施工为主，主要负责土方和结构现场进度、安全、质量、物资、机械设备等日常管理工作，涉及的专业间协调相对单一，仅为结构内预留预埋等工作。

在项目型单元板块中，土建部、机电部、内装部及外装部四个主要的专业部各自构成独立的成本单元，由项目分管副总经理直管，承担成本责任，接受项目成本考核。各成本单元项下进行管理责任再分解，根据各专业特点及人员状况，分为若干小专业组，例如外装部划分了普通屋面、金属屋面、石材幕墙、玻璃幕墙等四个专业组；机电部划分了强电组、弱电组和水暖组；内装部划分为设计组、采购组和合约组；土建部根据楼栋划分了 6 个区域——A 区、B 区、C 区、南区、附属楼和 VRD 区，以及安全部、质量部、搅拌站等。

在项目前期现场主要以土建施工为主，项目大量的协调工作，尤其是跨部门协调工作主要以设计协调为主，这种部门划分相对实用。

5.2.3　项目中后期组织结构设置

随着项目逐步推进，项目各专业工作重心逐渐由设计工作主导转向设计与采购工作并重，各专业部现场协调工作权重也在不断加强，为进一步加强区域对于各专业设计采购跟踪力度，使区域现场需求同各专业部工作计划高度一致，项目决定自 2015 年初成立区域项目部，陆续进行了一系列部门组成上的调整。

1）成立项目工程部

由项目主管生产副总主管，下设五大区域（A 区、B 区、C 区、南区、VRD 区）、平面管理部（负责项目劳务管理、安保、临建、文明施工、平面规划及维护、机械设备维修、搅拌站等）、技术部、安全部。

2）合约部改为合约商务部

下设合约、清关、采购和物流等四大业务板块，其中采购板块负责除机电、内外装采购外的其他部门的境内和境外采购。后为了整合资源、拉通业务及管理，将清关板块和物流板块合并，组建物流部。

3）成立技术部

负责项目施工方案梳理、编制以及具体施工技术措施的落实和技术问题的处理，各区域关键线路计划的编制及梳理，优化项目总计划。

4）设计技术部改为设计部

主要负责各专业间设计协调，内部增设文档控制室，负责项目所有信函、文案资料整理。

5）撤销人事劳务部

人事管理职能和人员划归综合部，劳务安保职能和人员划归平面管理部。

6）变更计划部职能

负责协助项目总经理及工程部总经理进行项目管理的组织和协调工作。

组织结构调整后，项目的管理团队可以分为三大基本单元，即设计与采购管理单元、施工管理单元和职能部门单元。

（1）设计与采购管理单元

设计与采购管理单元负责 EPC 中的设计和采购环节，在原有的设计部、机电部、内装部、外装部的基础上，将设计和采购人员按照标段项划分，重新组建为建筑和结构设计平台、外装和钢结构平台、内装修平台、水暖设计平台、电气设计平台五大平台。其主要任务为加快深化设计和采购工作的进度，推动重大技术问题的解决，对现场施工形成强有力的支持。

同时项目的五大专业平台也全面对接中建阿尔及利亚公司的各个专业渠道（设计、采购、物流清关、安全、劳务等），以对项目的专业平台提供技术和资源支持。

（2）施工管理单元

五大区域项目部负责 EPC 中的施工环节，除原有的土建现场施工管理人员外，各专业部原有的施工人员和资源也划归各区域项目部直接管理。在组织结构调整初期，考虑到管理上的渐变适应和现场进展的需要，原先归属于各专业部的施工人员暂时作为交叉人员由专业部和区域项目部共同管理，对于交叉人员的考核权限，专业部和区域项目部各占 50%。

作为此次调整的重点，各个项目部需要根据项目确定的里程碑节点编制施工计划，并向深化设计和采购提出要求，负责区域重大方案的编制和汇报，加强纵横双向矩阵管理模式，专业部在各区域设置专职工程师，并由区域项目经理统一管理，从而加强区域对于各专业设计、采购、施工的系统性管理。

区域项目部依据项目的里程碑节点计划编制单体详细进度计划和现场施工作业计划，并依据施工计划反推设计和采购目标对各专业部提出要求。各专业部依据区域项目部提出的设计和采购目标，调整设计采购进度和资源配置，当各专业部无法满足区域项目部的设计和采购要求时，需及时反馈至项目部，由项目部召开内外部高层协调会议，确定解决方案。

5.2.4　大清真寺项目组织结构特点

　　项目组织的目的，是为了创建柔性灵活的组织，动态地反映外在环境变化的要求，并在组织成长过程中，有效地积聚新的组织资源，同时协调好组织中部门与部门之间的关系，人员与任务间的关系，使员工明确自己在组织中应有的权力和应承担的责任，有效地保证组织活动的开展。因此，项目组织结构在确保项目顺利高效开展的过程中，发挥着重要的作用。

　　由于阿尔及利亚大清真寺项目具有多国合同主体、东道国政治和经济环境对项目影响程度高、规范标准庞杂、建设周期长、工程规模大、工程技术复杂等特点，要求项目的组织结构具有更加明确的专业分工、更加柔性的协调机制、更加高效的统筹管理，以保证在项目的实施过程中，既能使得项目各职能部门有序开展工作，有效进行资源分配，又可以适应项目在各个阶段工作目标的变化，还能更高效地进行上下级之间、部门与部门之间的信息沟通与交流。

1）明确的专业分工

　　在项目前期的组织结构中，设立了项目型单元，对于项目的土建、机电、外装、内装等各个专业项目进行明确划分，确保项目深化设计的专业性，并合理控制各专业项目的成本、进度和质量目标；在项目中后期的组织结构中，以前期的项目型单元为基础，组建建筑和结构设计平台、外装和钢结构平台、内装修平台、水暖设计平台、电气设计平台五大设计采购平台，以对项目提供专业的技术和资源支持。

2）柔性的协调机制

　　项目的组织结构不一定是不变的，随着项目的持续推进，项目的目标和控制重点也会发生改变，项目的组织结构也会相应做出动态调整。在大清真寺项目的前期，项目处于设计、招标和进出场准备等阶段，涉及的任务并不多，需要明确的分工和统筹的管理，因此项目采用的是以项目总经理为核心的职能式组织结构和项目式组织结构相结合的混合式组织结构，这样的设计既能使项目型单元中各专业部门充分发挥专业技能，又能使各职能部门发挥其管理协调任务。随着项目的逐渐深入，项目工作重心逐渐以设计和采购为主，并且各专业和管理部门之间的协调关系也在不断加强，项目组织结构由部门职能式和项目式的混合式组织结构转变为矩阵式组织结构。在该矩阵式组织结构中，设计与采购管理单元、施工管理单元和职能部门单元三个单元共同实现信息的沟通与传递，实现了开放式的项目组织管理模式，以适应项目中后期的工作目标。

3）高效的统筹管理

大清真寺项目不论是在项目前期还是在项目中后期，均有项目总经理、项目常务副总经理和各部门的部门经理为项目的顺利进行把关。其中，项目总经理是项目组织管理的核心人物，负责统筹管理整个项目的运行，项目常务副总经理协作项目总经理完成对项目的全面管理。项目的部门经理主要负责对项目部门的人员和工作进行协调管理，以确保任务在目标范围内得以实施。大清真寺项目在组织结构中对项目总经理、项目常务副总经理和部门经理的设置，形成了一个由上到下的高效管理结构，使得项目的管理更加全面到位 [28]。

5.3 本章小结

工程项目管理模式的选择是工程项目管理中一个非常重要的课题。在分析该项目时，首先需要了解工程项目管理模式选择需要考虑的因素。对于一般工程项目来说，在选择工程项目管理模式时，需要充分考虑项目的目标约束情况（成本、工期、质量）、业主的能力与参与意愿，以及项目的外部综合环境等，在此基础上，分析各个工程项目管理模式对项目的适用性，最后对项目组织管理模式进行组合优化，选择出最合适的项目组织模式。

第6章
大清真寺项目设计管理

第 5 章在介绍完项目组织架构的搭建后开始对各职能部门的运作模式进行剖析。陌生的文化背景下设计管理成为项目全寿命周期中难度最大的环节，在建设过程中给团队带来了诸多挑战。本章从设计团队职责分工、建设过程中设计团队面临的问题及其应对措施三个方面对设计管理工作展开具体介绍。

6.1 设计管理架构与设计阻碍

6.1.1 设计管理架构、权责、流程

项目的设计管理架构和设计权责界面如图 6-1 和表 6-1 所示，监理负责完成项目的方案设计（Scheme）、扩初设计（APD）、施工图设计（EXE），总承包方负责

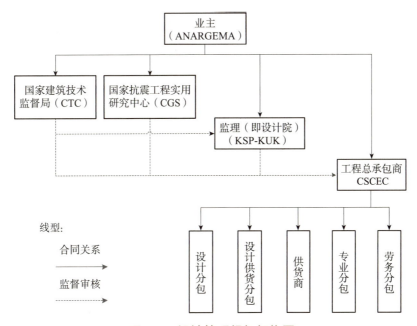

图6-1 设计管理组织架构图

完成项目的深化设计（AT），深化图需要报审监理和阿尔及利亚国家建筑技术监督局
（CTC）进行审批。CTC负责对项目进行技术监督，对图纸的各个阶段进行最终的审
核，所有图纸需要经过CTC的最终批复才能用于施工。阿尔及利亚国家抗震工程实
用研究中心（CGS）负责对项目进行抗震设计的审核。

设计权责界面　　　　　　　　　表6-1

设计阶段	设计	审核
方案设计（Scheme阶段）	KSP-KUK	业主
扩初设计（APD阶段）	KSP-KUK	业主、CTC
施工图设计（EXE阶段）	KSP-KUK	业主、CTC
深化设计（AT阶段）	CSCEC	KSP-KUK/EGIS、CTC

作为工程总承包商，我方设计管理的主要任务是协调业主、监理、CTC、设计分
包等各方，完成深化图的设计和审批工作，最终将图纸下发施工分包。整个设计管理
主要分为三个阶段：

（1）设计准备阶段：梳理业主提供的施工图、技术条款等资料，充分理解业主的
需要和监理的设计要求，进行各专业的设计界面的划分和设计任务的分解，及时与业
主和监理沟通，澄清相关设计疑问。

（2）深化设计阶段：统筹协调各设计分包完成图纸的深化设计，满足规范和技术
条款的要求，满足工程进度的要求。

（3）设计报审阶段：将深化图报审监理和CTC，与监理和CTC积极地沟通，对
其设计意见及时回复和澄清，将不能消除的意见下达设计分包，协调设计分包完成图
纸的修改和升版，并重新报审，直至图纸审批通过。

设计管理的详细流程如图6-2所示。

6.1.2　监理地位的特殊性

国内外的工程监理制度有很大的差别，国外监理的定位是全权代表投资方对工程
的设计、采购、施工全过程进行监督的咨询单位。

在大清真寺项目中，监理负责完成从方案到施工图的设计，同时负责对承包商的
深化设计、施工材料进行审核，最后在施工阶段对施工进度和质量进行监督，相当于

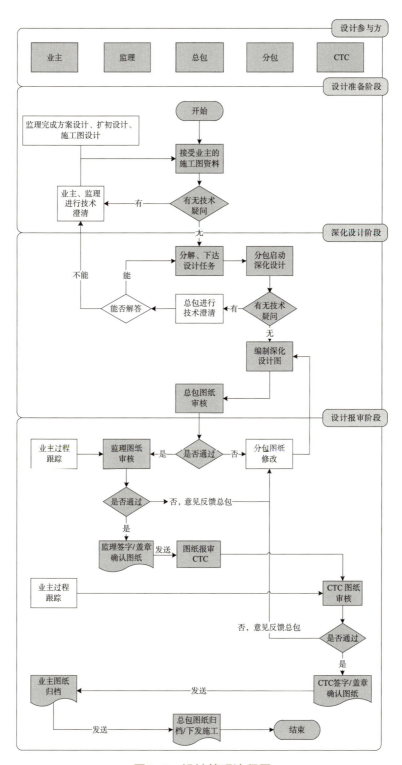

图6-2 设计管理流程图

国内的"设计院＋图审＋监理"的三重角色。

在阿尔及利亚，虽然 CTC 负责所有阶段图纸的最终审核，但由于阿尔及利亚整体建筑水平落后，其当地的 CTC 工程师的设计经验和设计审核能力有限，所以从方案到施工图再到深化图基本上是监理主导。监理在设计上拥有绝对的话语权，对承包商的设计、采购、施工各个环节拥有一票否决权，我方的设计阻碍也主要来自监理。

6.1.3 项目设计阻碍

项目于 2012 年开工，项目原定总工期 68 个月，预计 2015 年底完工，但回顾过去的建设，建设工期一再拖延，直至 2019 年才完工。虽然原因很多，但设计进度对项目工期的影响是首要的，项目的设计经历了重重的困难：

2012 年 3 月~2015 年 9 月期间，项目总共报审图纸 12500 张，批复仅 3000 张，带保留意见批复 4000 张，拒绝 5500 张，项目图纸批复率不到 30%。一张图纸从报审到完全批复平均时间为 59 天，平均报审次数 6 次，图纸意见总是分多次提出，导致总包方需要多次修改、反复报审且前后审批意见不一致。其中钢结构更是前三年期间一张图纸未批，项目的施工进度一度陷入冰点。

2015 年 9 月，业主解除了和原设计方德国监理的合同关系，KSP-KUK 撤场，法国监理 EGIS 驻场。同时我方吸取前三年的经验，逐渐摸索出设计管理的方法，针对前期暴露的问题采取了一系列措施。

2015 年 9 月之后设计进度全面加快，2016 年项目北区主体结构基本批复，2017~2018 年南区和附属楼图纸也相继批复。

6.2 设计管理障碍分析

6.2.1 各方需求不一致

大清真寺项目的设计牵扯到各方需求的博弈，主要有阿尔及利亚的业主和 CTC，来自德国的监理，以及来自中国的总承包商。

作为业主，其需求是在满足设计规范、技术条款的基础上尽量提高建筑的标准和档次，CTC 原则上是中立机构，但由于大清真寺项目是属于国家的宗教工程，其审批过程中往往会采用高标准、严标准。我方作为承包商，对设计的需求是在满足规范和技术条款的基础上，尽量做到材料的大众化、可采购性，设计的可施工性、经济性。业主、CTC 的需求和我方存在一定的冲突，但不致对工程设计进度造成严重的影响，制约我方设计进度的主要因素是来自监理的需求。

德国监理出于自身利益考虑，在设计中通过技术条款限定各种性能指标，间接引导总承包商购买拟定的产品，在我方寻找到替代方案后监理又通过设计审批干预我方的供货商选择。

比如清真寺祈祷大厅穹顶（图6-3）外装设计，穹顶的外装做法特别复杂，外立面从上到下分别是检修天窗、金属屋面、玻璃幕墙、石材基座，整个外立面覆盖着宗教图案装饰格栅。屋面剖面从内到外分别是梯形钢板、隔汽层、支座、三层岩棉、钢管龙骨、防水铝板、BFUHP 格栅装饰板。

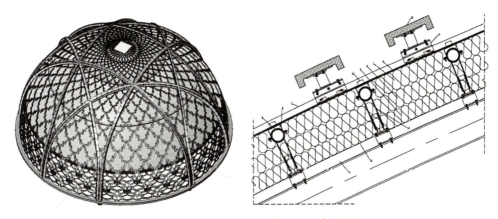

图6-3　穹顶外装设计效果图及剖面图

我方在分析监理的 EXE 设计图时发现，整个外穹顶的外装方案都是按照德国厂家 Bimo 的产品系统设计的，很多的技术要求都是 Bimo 的专利技术，这给我方的材料选择造成了很大的阻碍。前期我方也试图与 Bimo 合作，但非常不顺利。一方面因为 Bimo 产品设计处于行业龙头地位，有自己的专利技术，导致他们的报价非常高；另一方面 Bimo 作为德国本土厂家又有德国设计院的间接指定，他们在商务谈判中非常强势。

最终我方放弃了和 Bimo 的合作，选择了欧洲的其他厂家，但是德国监理又始终以设计不符合 EXE 图纸要求为由拒绝我方的方案。我方出于商务考虑，一直和监理进行周旋。穹顶钢结构图纸三年一张未批，很大的原因是屋面系统无法选定。

6.2.2　国内外图纸规范存在巨大差异

国内外图纸深度、设计规范的差异是影响我方图纸合规性的重要因素。

海外工程详细设计和装配图都是由承包商来完成的（国际工程中传统的 DB 模式下，雇主提供到 construction drawing 阶段，承包商做 shop drawing 并需要得到雇主的批准）。但是国内外图纸的深度有很大的区别，对比如图 6-4 所示。

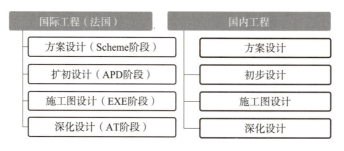

图6-4　国内外工程图纸深度对比

大清真寺项目的图纸，除主要建筑结构设计达到施工图深度外，其他专业的设计只能达到国内初步设计的深度。包含钢结构、预制结构、建筑、水暖、强弱电、外装、内装、VRD（室外园林）等。相比国内项目的深化设计，我方的设计任务要大得多。

以钢结构为例，监理只提供了主结构的计算书和结构的平立剖面图纸，所有的节点计算书和附属结构设计都由承包商完成。清真寺的钢结构设计需要进行大量的节点计算和附属结构计算，据不完全统计，我方完成计算书多达 79 本。

国内外设计规范有较大差别，国际工程通常执行的设计标准如：英标（BS）、BSEN、欧标（EN）、美国材料规范（ASTM）、美国消防规范（NFPA）、国际通用标准（ISO）、国际电工委员会（IEC）标准等。不同规范体系包含的内容可能相互交融或产生冲突。

阿尔及利亚整体发展水平落后，工程技术标准体系不完善，很多规范在创立阶段没有经过大量工程实际的检验。项目运用的标准往往是从欧美标准中借鉴相关部分，再结合当地规范拼凑而成，规范体系混乱、不明确。大清真寺项目庞大的体量和复杂的结构形式，在阿尔及利亚建筑史上是首例，其本国的规范无法满足项目设计和建造的要求。针对项目规范的选择，阿尔及利亚住房和城乡建设部部长做出如图 6-5 规定。

> "*Pour le cas du projet Djamaâ El Djazaïr, lorsque les structures qui le composent ne présentent pas de spécificités techniques particulières, il y a lieu d'appliquer la réglementation technique algérienne. Pour les autres, qui ont des spécificités sur quelques uns de leurs aspects en termes de dimensions, de structures, de matériaux et autres et qui ne sont pas couverts par la réglementation technique algérienne, il y a lieu d'opter pour la réglementation la mieux adaptée au projet.*"
>
> "对于大清真寺项目来讲，当组成结构不具有技术特殊性时，施用阿尔及利亚技术条例。对于其他，如在规格、结构、材料等领域的某些方面具有特殊性，并且不涵盖在阿尔及利亚技术条例中时，采用最适于项目的技术规定。"

图6-5 规范选择的说明

根据该规定，项目被划分为12个区，A、B、C区由于包含穹顶、花瓣、超高层等结构形式故被称为"特殊建筑"，其采用欧洲规范，其他区称为"一般建筑"而采用阿尔及利亚规范，阿尔及利亚规范中缺乏相关条例时，再补充适用的规范。最终项目的规范参考体系文件中涉及国外规范和标准1689本。

以项目中的钢结构规范体系为例，北区钢结构全套采用欧洲规范，南区钢结构设计和计算采用阿尔及利亚规范，但由于阿尔及利亚规范中没有关于切割、焊接、防腐、镀锌等的规定，南区的加工制造、施工验收又全部采用欧洲规范。

两套设计规范对我方的设计和设计管理人员提出了巨大的挑战，没有参考图集，很多国内约定俗成的设计也需要专门的论证，加大了图纸审批的难度。比如钢结构节点计算书的审批，常规的梁柱节点在国内直接根据图集进行等强构造，很容易就通过审批。而在阿尔及利亚，没有相关参考图集，最简单的双边角焊缝等强连接也需要提取节点内力再进行焊缝计算。

诸如此类问题的出现主要是由于国内设计人员对国外标准了解程度不够，习惯性地套用中国标准进行设计，导致图纸质量达不到要求，错误估计了设计所需的工作量和时间；同时中方设计人员与监理和CTC方设计人员对某些条文的理解不同，出现过报审图纸全部推翻重来的情况，这不仅导致设计工作的重复，而且还严重影响了设计总体进度；此外阿尔及利亚住房和城乡建设部有关两套规范的政策条例也需特别注意，不同地区不同工种的设计工作应对症下药，切忌套用统一标准。

6.2.3 沟通机制不畅通

1）审批环节多，缺乏约束力

总承包方完成的深化图要经过多个环节的层层审批。比如结构图要先提交监理审核，审核通过后再提交CTC审核。其他专业的图纸还会收到来自宗教部、住建部、文化部、国家实验室、消防局、水利局等一系列机构的意见。多环节的层层审批以及缺乏有效约束的批复时效共同导致了图纸批复周期不断延长。

2）沟通不畅，反复修改

德国监理不驻现场，我方图纸通过第三方数据平台以电子版形式报审，监理远程进行图纸审批，再通过数据平台将图纸意见传给我方。各方分散办公，导致设计审批过程中沟通效率低，对图纸的问题很难做到深度沟通。一份图纸在审批过程中往往多次收到来自监理的新的审批意见，造成我方的图纸反复修改、反复报审。

以祈祷大厅主结构深化图审批为例，我方于 2013 年报审第一版穹顶主结构节点计算书和图纸，中途计算书和图纸经过多次修改升版，直到 2015 年 9 月德国监理撤场，图纸仍未批复。

3）思维的差异

遇到设计审批障碍，我方有时会按照定式思维使用行政手段，然而这种定式思维对于国外监理往往难以奏效，甚至起反作用，不仅延误了解决问题的最佳时机，还不断地失去监理的信任，加大审批难度。

国外监理对规范和技术条款非常坚持，他们处理技术问题时"认死理、不变通"，解决国外设计问题的唯一捷径就是满足规范和技术条款。

西方思维更加注重细节，德国监理是典型的西方思维，他们认为"好的细节决定好的结果"。因此，监理在审图时，往往会提出非常细致的一系列问题，从大的设计方案、计算原则，到小的文字细节，刨根问底。而国内的设计者思维则更加在意的是结果，拿图纸说话，对国外工程师这种对细节刨根问底的方式非常不适应。

6.2.4　采购机制不完善

1）采购对设计的影响

阿尔及利亚国家经济严重依赖能源出口，国内的加工制造业发展落后，物质匮乏，施工建造涉及的材料几乎全靠进口。现场施工用于永久工程的材料，都需要报审相关技术卡片，经过监理、CTC、业主三方审批通过后才能使用。

所有的深化图都必须索引相关材料的技术卡片编号，这就意味着如果材料技术卡片不批复，那么相关图纸也无法批复。有时候一个材料的技术卡片未批复会引起一系列的"连锁反应"。

比如项目 K 楼能源中心的设备平台钢结构在 2016～2017 年一直未批复，原因是发电机冷却塔系统图纸一直无法批复，机电图纸不批复就无法为设备平台设计提供准确的尺寸和定位以及相应的检修马道需求，而机电图纸无法批复的原因是冷却塔设备技术卡片未经批复。

2）采购对施工的影响

技术卡片也直接影响施工进度，国际采购的材料一般通过空运或者海运抵达港口，物资运输到港后需要清关，清关需要开具项目业主证明，而业主证明需要材料的批复版技术卡片和相关批复版图纸。也就是说，材料技术卡片不批复，货物到港后便无法清关，这会影响材料进场和后续的施工。施工过程中，有时候出于进度考虑，会提前安排发货，但货物到港后材料技术卡片却没有批复，材料只能积压港口，造成经济损失，现场施工也无法如期进行。

6.3 设计障碍解决措施

项目经历了艰难的三年磨合期，业主清楚地认识到德国监理对设计进度的制约，解除了与原设计单位签订的设计合同，换成法国设计院 EGIS 完成剩余工程的监理和设计工作。总承包方与监理、业主共同梳理剩余深化设计工作量，商讨设计进度的解决措施。

6.3.1 优化组织体系

结合项目自身设计人员的能力、各专业设计管理模式的特点，重新优化了设计组织架构，如图 6-6 所示。

建筑和结构的深化采用自营模式，主要由项目自有设计人员完成深化图。内外装、钢构等涉及设计、供货、安装一体化的专业主要采用专业分包模式。

项目组织架构的思路是：在专业版块层面上，设立设计综合岗，以完成本专业内部的设计协调以及和专业之间的设计综合；在全项目层面上，由设计总工牵头，设立建筑协调和结构协调，并作为全专业设计协调的牵头版块，全面统筹各专业的设计[29]。

这种组织架构能充分发挥和利用项目自由设计人员的能力，同时加强对各个版块的设计管控能力。

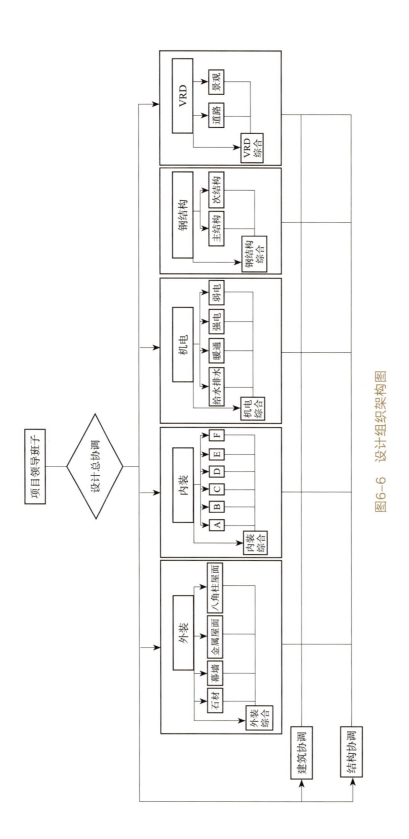

图6-6 设计组织架构图

6.3.2 完善沟通机制

1）协同办公、加强沟通

要求法国监理工程师驻场办公，我方直接派专人对接监理审图工程师，当面沟通图纸问题。对于重要的专业，我方设计师直接在监理办公室工作，双方协同办公，加快设计和审批效率。

加强与设计院的沟通：每周与设计院开设计例会，确定设计院人员动态，根据图纸申报计划进行分配确定审批人员。每2周开一次高层协调会，各参建方负责人参加，沟通施工过程中的重难点问题，将各问题按重要紧急程度分级，按紧急程度分批处理。

加强与业主的沟通：对于技术上可以和设计院达成一致的部分，对业主不接受的变更，做到成本与技术分离，对于重大问题，各专业不与业主项目经理及工程师直接沟通，而是直接反馈至项目层面，由项目高层与业主局长进行沟通协调，尽可能避免混乱。

2）制定计划、明确责任

制定图纸报审计划，通过月度计划跟踪表（图6-7）、周计划跟踪表（图6-8）、设计障碍点跟踪表（图6-9）等措施确保总设计进度计划的完成。对于由分包单位完成的设计工作，设计进度计划将作为设计委托合同的附件，以确保设计内容按照合同要求顺利实施，同时指定总承包责任人（图6-10）跟踪，确保分包设计计划与总包计划相协调。

3）简化流程、提高效率

与监理约定预先对图纸进行讨论，简化报审流程，图纸的过程版本不再通过数据

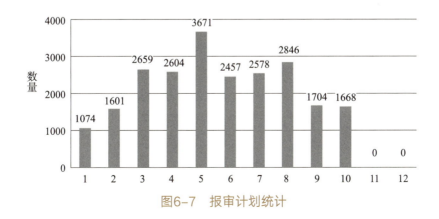

图6-7 报审计划统计

图6-8　周计划跟踪表

图6-9　设计障碍点跟踪表

分包名称	总承包负责人	完成时间
COBRA	邹文基	15/04/2016
AE（K楼）	张彬	15/04/2016
AE（电）	赵岩	15/04/2016
Honeywell	史明军	15/04/2016
Mediacom	史明军	15/04/2016
La maggio	Ricardo，王涛	15/04/2016
CIMA	Ricardo，王涛	15/04/2016
远大	王涛	15/04/2016
FIBREX	王涛	30/04/2016
HAZ	朱振伟	30/04/2016
ISCOM	张海旺	15/04/2016
中装	翁达华（A楼），范继飞（E楼）	—
珠江	黄楚群（B楼），翁达华（D楼）	—
长城	沈寅（C楼），黄旺兴（F楼）	—

图6-10　各设计分包、总承包负责人

平台正式报审。我方完成图纸后先非正式提交监理，双方当面对图纸进行讨论，达成一致后，我方再将图纸正式报审数据平台，监理再下达正式审批意见。在之后的审批过程中，监理只能根据此前下达的正式意见进行图纸检查，不得再新增意见。

6.3.3　整合设计资源、补全设计短板

1）筛选优质的设计资源

　　项目设计的顺利推进需要强大的设计资源做支撑，项目前期很多图纸的不合规也是由设计分包对国外规范、标准不熟悉导致的。为了满足国外工程的设计需求，需要对设计资源进行筛选，引进具有海外设计经验、熟悉国外标准规范的设计分包。

　　比如清真寺的钢结构设计涉及大量的结构计算和节点计算，之前的深化分包建模出图是强项，但是欧标计算能力不足，导致大量计算书无法通过批复。为了解决计算书的问题，项目将原来的设计合同切分，引进具有丰富海外结构设计经验的同济大学

建筑研究室，专门进行项目的钢结构附属结构计算和节点计算。计算书的批复极大地促进了图纸的批复。

2）聘请顾问团队参与国际分包的管理

聘请欧洲专业顾问，提供技术支持，同时管理欧洲国际分包，进行技术指导，加快设计进度，这样不但有利于快速筛查设计分包的问题，也便于总承包进行管理。

3）聘请属地化员工，便于沟通，加强管理

国际分包为节约成本，聘用了大量的当地设计师及工程师，但由于本地设计师的设计技能、思维方式的不同，工作效率较低，因此项目聘请部分经验丰富、工作能力强的属地化员工作为总承包管理人员，直接参与到分包的管理中，这样既便于与分包的沟通，也能够更好地理解业主及监理的诉求，同时还能更细致地表达我方的意见 [30]。

6.3.4　设计管理模式

项目设计管理结合各专业承包商设计能力以及各个专业的采购和施工特点，制定了最优的设计管理模式，以成本控制为核心，权衡现有的设计资源，对比多种模式的优劣，针对不同的阶段和界面选择不同的设计管理模式 [31]。

设计管理模式主要分为三类：直接管理模式、设计集成分包模式和设计供货分包模式。本项目创新一种新模式——设计顾问模式。各种设计模式区别如表 6-2 所示。

设计管理模式表　　　　　　　　　　　表6-2

设计管理模式	设计界面管理内容	界面管理工作量	控制能力要求
直接管理模式	负责与各专业设计之间的合同界面管理；负责管理各专业设计之间的非合同关系的协调界面	很大	很高
设计集成分包模式	负责与设计总承包之间的合同界面管理；各专业设计之间的协调界面由总承包单位负责	很大	较低
设计供货分包模式	分包负责设计和供货，总承包专业设计部负责审核设计内容和报审。与其他专业设计之间的协调界面由总承包单位负责	大	低
设计顾问模式	由设计顾问提供设计思路和手稿，由设计分包具体落实到图纸和样板上，最终总承包+设计顾问+分包一起与监理讨论批图	大	很高

（1）直接管理模式

在这种模式中，总承包与每一个设计单位之间都存在界面，除要对各专业设计进度进行管理外，还需要在各专业之间进行协调，进行充分的信息沟通。因此这种模式要求具有较高的设计管理能力。但在这种模式下总承包对各设计的控制能力较强（图6-11）。采用总承包方综合设计协调，分区设置设计总协调人的组织模式（图6-12）。

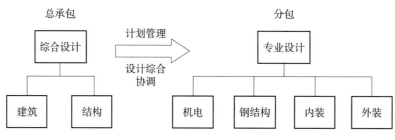

图6-11　总承包方直接管理模式

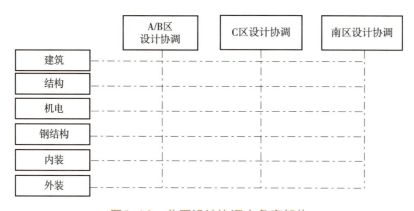

图6-12　分区设计协调方负责架构

以阿尔及利亚大清真寺项目建筑设计和结构设计为例：项目建筑设计作为各专业深化设计的牵头部门，综合协调所有专业的深化设计工作，同时需要完成专业自身的屋面、地面、砌筑和防水深化设计。结构设计主要负责预制构件的配筋、预留洞、结构变更的校核、加固方案的深化以及综合协调。由于这两种设计的重要性，需要对其具有很高的控制力，同时涉及与多个专业设计之间的合同界面管理和非合同关系的协调界面。此类设计工作由总承包直接管理最为便捷。

（2）设计集成分包模式

这种模式是将某专业总体设计与专业设计分开，由不同的单位承担，形成相互制约和监督。在这种模式中，将单项设计都委托给各专业单位，由于技术力量及管理能力有限，需要再确定一家设计公司进行总体设计，负责整合分包的单项设计工作。同时总体设计单位也接受部分单项设计任务。

以阿尔及利亚大清真寺项目强电设计为例：由于欧洲设计分包规模普遍较小，没有一家分包单位有实力能独立完成大清真寺项目强电设计，因此项目找了多家强电设计分包，由一家实力较强的分包作为总体设计分包，对其他设计分包进行集成管理。总承包负责强电与其他专业的界面界定。最终将强电专业设计分包委托给土耳其 AE 公司。其组织架构如图 6-13 所示。

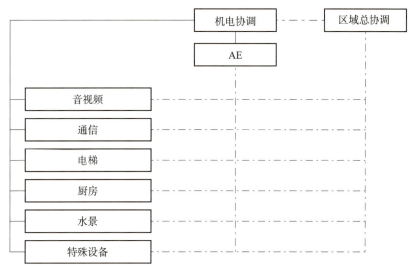

图6-13　设计集成分包AE组织架构图

（3）设计供货分包模式

由于某些分项工程专业性较强，使用的设备材料为某些供应商专利产品，因此在签订供货合同时，要求供货商提供专项设计服务，根据项目特点设计产品。

这种模式中，将某个复杂的整体拆分成多个单体，由不同的供货商进行设计并供货，通过项目专业部门进行界面协调和管理，以达到完成设计与施工的目的。

以大清真寺祈祷大厅穹顶外装设计为例，主要采取设计＋供货模式。穹顶的外装做法特别复杂，没有一家单位能够独立完成所有的设计任务，因此项目采用多家分包，签订设计 + 供货合同，各分包负责部分供货和设计任务。总承包外装部设计协调团队负责各分包之间的界面管理。

（4）设计顾问模式

在特殊项设计特别是装饰设计方面，总承包和设计分包对文化的理解程度和文化方面的权威性不足导致设计成果审批困难。因此，项目创新一种设计顾问模式，聘请当地宗教文化专家作为项目装饰设计顾问。在顾问充分了解技术条款后，根据原设计方案图和个人对文化的理解，选择合适的装饰方案。设计分包根据顾问方案深化图纸，做成效果图或样板于监理、业主和宗教部沟通。

这种做法的好处是确保方案能够满足宗教文化的需求，同时顾问在宗教文化领域有很高的权威性和人脉，因此方案审批通过的时间更短。

6.3.5　设计优化、价值创造

在各设计阶段及设计步骤中，充分利用"非权力影响力"，以"快、易、省"为原则，通过价值工程手段达到最终"履约"的目标。

设计规范是设计师创作的标尺，同时也会成为限制建造成本的禁锢。设计优化，需要承包商创造性地解读和理解规范，而不是死板地在规范束缚下做出不合理高成本的建筑。一般可通过如下三种方式进行设计优化：

（1）探寻规范依据、挖掘原设计缺陷，系统优化策略

以大清真寺项目 D 楼地坪设计为例，按照原来德国设计院的设计，D 楼所有楼层地坪均设计有保温层。项目设计组根据过往的经验，通过研究规范发现：在法标和当地规范内并没有要求所有楼层设计保温层，并且以往的工程也并没有这样的做法。D 楼的通风设计属于集中供暖，最终与业主及监理沟通取消首层以上部分地面的保温层。

（2）引进新材料、新工艺

清真寺项目特点之一是占地面积大，屋面形式多、工程量大。因此项目引进了世界上较为先进的金属屋面体系（RIVERCLACK），该体系在具有良好延展性、抵抗风压性能、保温性能的同时，防水性能更为突出，与国内传统金属屋面做法区别很大，无需做防水。施工速度快，操作简单，后期维修简单。

（3）大胆尝试建筑优化设计

在满足使用要求的同时，大胆尝试建筑优化设计，以使用者的角度出发，最大限度地满足美观和使用要求。

以混凝土柱帽内装龙骨设计（图6-14）为例，原设计为铝合金支吊架体系，该体系采用大量铝合金作为龙骨吊架，材料用量大，施工难度大，后经项目各方沟通协调，优化为不锈钢薄片＋单元式体系。虽然变更后造价相差不大，但减少了构件数量，优化了施工工艺，增加了材料的耐腐蚀性，各方反映效果十分显著。

图6-14 混凝土柱帽内装龙骨设计前后对比图

6.3.6 设计与采购、全过程融合

设计与采购在全过程中都通过技术卡片紧密联系在一起，推动两者的融合，其核心是抓住技术卡片这个关键点（图6-15）。

（1）招采前置、协同配合

在设计的前期，考虑到国际采购和运输周期长，采购工作需要提前进行。设计部提前向采购部提出相关材料的技术要求，采购部通过国际询价，提供足够多合适的供货商供设计人员选择，期间设计人员在技术上对供货商进行审核和沟通洽谈[32]。对于常规材料如钢材、钢筋等，可以在供货商选定后，直接将相关材料技术卡片提交业主审批，期间需要协调供货商的技术人员对审批意见进行回复和消除。对于特殊性能

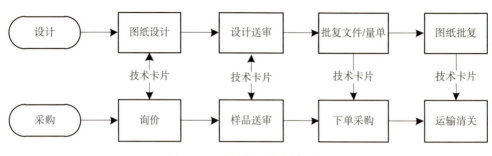

图6-15 设计—采购关系图

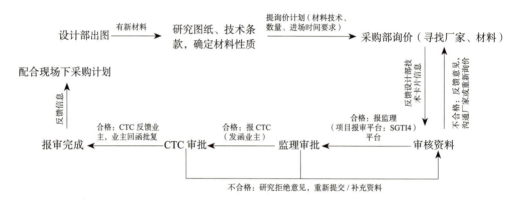

图6-16 设计与采购协同模式

的材料如特制的预应力拉杆、带有专利技术的屋面板等需要在设计阶段和相关图纸一起报审（图6-16）。

（2）图纸材料协调一致

在设计阶段，设计人员尽量在业主批复的技术卡片范围内，选择合适的材料，避免设计与材料脱节、盲目采用新材料导致设计进度滞后。将材料的技术卡片编号索引至图纸中，保证图纸和技术卡片的一致性，保证图纸和材料的批复。如因设计原因需要用到新的材料，及时与采购部配合。

（3）利用时差、合理发运

在施工阶段，如果等到技术卡片和图纸完全批复再发运材料，施工进度将受到影响。因此需要设计人员对技术卡片进度和图纸进度进行合理的预判，尽量利用海运时间差，提前安排发货，节省工期。

6.4　本章小结

　　大清真寺项目作为中国建筑过往经历中为数不多的大型宗教类基础设施，其设计工作是建设过程中最为复杂的环节。本章首先介绍了设计团队独创的组织架构与项目波折的设计历程，再对设计过程中的主要难点进行深入剖析，在这个基础上记录了设计人员完善沟通机制、优化设计流程等方面着手化解问题的过程，为将来类似海外项目的设计工作提供了宝贵参考。

第7章
大清真寺项目采购管理

大清真寺项目由于其建筑体量大、所需材料品类繁复，以及欧洲建筑设计标准要求严苛、材料技术参数要求高等特点，大部分材料需要从欧洲以及能够提供欧洲权威机构认证的其他国家进行采购。在国际 EPC 工程项目采购过程中，涉及的利益相关者众多，项目需要许多非标准件，供应商不会为项目保留缓冲库存，采购工作需要总承包商与外部组织进行大量的沟通和协商[33]。本章从大清真寺的物资采购角色及权责划分、采购流程及策划、供应商管理及保函管理几个角度详细地阐述了大清真寺的采购管理流程及步骤，指出国际 EPC 工程项目采购管理中需要注意的事项，供其他项目借鉴。

7.1　项目物资采购

7.1.1　采购人员配置与基本要求

项目建设初期，专设采购部门统一策划、管理和实施所有专业的采购需求。人员配置数量依据项目需求确定；

当项目建设的重点逐渐由土建工程转至装修工程时，需对采购人员重新进行配置。原则上按照以下专业进行划分：

土建、VRD、地采物资为一个专业组。

在装修部门中，因材料对于专业性要求较高，由专业工程师兼任采购工程师进行采购，其中外装部分可分为石材组、屋面组、幕墙组、钢结构组、门组；内装部分按照石材、隔墙隔断、家具、门等材料大类分工，零星材料再由专门采购人员采购。

机电专业则分为给水排水、暖通、强电、弱电、电梯不同专业，各专业分设采购工程师，与各自对应的专业工程师协调配合，实施采购工作，特殊情况下还应设立灌溉、电视转播等专业性较强的采购人员。

采购人员一般应具备以下基本能力：（1）较强的专业知识；（2）较强的逻辑思维能力；（3）较强的谈判协调能力；（4）精通语言；（5）熟悉主合同及供应商合同条款。

7.1.2 采购职责划分

海外大型项目采购能够顺利地进行，保证项目物资的持续有序供应，每个部门都扮演了各自在采购流程中的角色。海外大型项目采购角色的组成，主要由采购实施人、采购约束人、采购决策人、成本承担部门及材料需求部门、进出口代理部门及财务资金部门组成[34]。首先介绍各个采购角色的定义，以便理解后面的采购流程和采购与各个部门的联系：

物资采购实施人：指物资采购活动具体的实施人，是物资采购活动的牵头人和组织人（简称采购主办人），具体指项目各专业采购工程师、专业工程师、合约工程师。

物资采购约束人：指物资采购活动中对技术和采购成本进行控制、把关的人员（简称采购约束人），具体指对应合约商务经理、部门主管副总经理等。

物资采购决策人：指按照经理部的授权体系明确地对相应物资采购活动具有最终批准权限的人员（简称决策人）。具体包括项目常务副总经理、项目总经理、贸易物流部主管领导、事业部主管领导、公司总经理等。

采购成本承担部门及材料需求部门：指最终决定所采购物资的类型、数量、质量，并承担所采购物资成本的部门，即项目各专业部门（或分包单位）。

进出口代理部门：指物资进出口工作具体组织和实施部门，即贸易物流部、项目合约部清关信用证小组、国内工作部进出口板块。

财务资金部门：指公司财务资金部。

各采购角色及职责划分如表 7-1 所示。

物资采购角色及职责划分　　　　表7-1

部门	角色	职责
成本承担部门	专业部	询价阶段：提出具体的询价需求，落实相关材料的技术要求
		采购阶段：提出采购申请计划和采购要求（技术、商务）；对接业主和监理；根据项目成本、进度、质量等方面要求确定最终采购目标；参与评审、合同签署等工作，并审核相关记录；审核合同相关文件及支付文件和会签审批等
		物流组织阶段：负责物资到场检查验收
		质保期内：根据物资使用情况及时反馈给采购实施部门并提出质保金支付意见
采购实施部门	各专业采购工程师	询价阶段：负责根据项目各专业部门要求，落实供应商产品价格和技术信息，提供采购建议

续表

部门	角色	职责
采购实施部门	各专业采购工程师	采购阶段：负责具体组织和实施采购活动，包括技术澄清、商务谈判、确定供应商、合同签署等
		物流组织阶段：负责追踪供应商生产进度，检查货物，协调项目合约部、财务资金部及SPA公司办理信用证，协调进出口代理部门订舱、联系第三方检测等，协调装箱发运，办理海运保险，办理进口免税许可，并负责跟踪货物的清关进度。协调公司相关部门核算材料到场成本并编制《物资结算单》，随后将《物资结算单》转交项目物资部门作为其办理材料调拨的依据。装修材料部分由采购工程师配合合约部合约工程师完成对分包单位的转账及结算，结算单由采购部与分包双方签字，随后转交合约部存档，制作跟踪台账，用于日后结算使用
		质保期内：根据项目各专业部门反馈的质保期物资验证记录，联系供应商处理质保期内相关问题，扣除应扣减项后（如有），最终完成质保金支付
采购约束部门	专业部、合约部	从合约法律角度审核招标文件及合同文件，负责提供目标物资预算成本 负责从成本、技术角度约束采购活动
进出口代理部门	贸易物流部/项目合约部清关信用证小组	对接项目各专业采购工程师，协调有关进出口相关方，办理货物在阿国的清关。 协助办理以SPA名义进口的信用证。 负责海运事宜
	国内部出口代理部门	负责提供有关商检、出口退税、海运包装、信用证等方面的支持和服务。 负责订舱、第三方检测、出口报关、物资发运、信用证议付、出口退税，协调清关等工作
财务资金部门	项目财务部/公司财务部	审核《采购申请计划单》。 审核、会签采购合同及采购支付申请
	公司财务总经理	会签采购支付申请并办理以项目名义进口的信用证。 财务总监在相关采购文件上签批后，视为财务总监对项目该批次采购支付的承诺，以及保证资金能够按时支付
采购决策人	各专业部门主管副总经理/合约商务经理/项目常务副总经理/项目总经理、公司总经理	负责对项目部提出的采购内容进行审批。 负责对项目部采购方式给予方向性的指导。 项目部对《采购申请会签单》的批复，标志着项目部在未来规定的期限内可以向供货商履行付款义务。 在授权范围内，对采购活动进行决策。 审批超出项目部审批权限的采购活动

7.1.3 物资采购流程

物资采购工作分询价、评审及谈判、正式采购和跟踪四个阶段，大致流程分为以下几个过程：

（1）确定并提交《物资询价申请计划》

由成本承担部门确定询价标的物，并至少提前三个月向采购实施部门提交《物资询价申请计划》。采购工程师与相关责任工程师沟通确定标的物技术要求、外观颜色、品质属性等，并开始寻找供应商资源。

（2）供应商考察

对候选供应商进行资质审查，包含但不限于厂房规模，资质证书，技术生产能力，资金状况，产品性能及售后等。对于已在公司合格供应商名录中的供应商，可仅要求提供更新的资质证书等，无需再进行其他考察。

（3）技术审核及商务初步谈判、比价，确定候选供应商

采购工程师需从供应商处获取采购标的物的相关技术资料、报价等，组织专业/责任工程师与供应商进行技术澄清，并进行初步商务谈判。对于技术符合要求的供应商确定为候选供应商。原则上候选供应商必须为三家以上。

（4）供应商评价与选择

采购工程师就供应商产品技术特性、价格、厂家交期等内容填写《供应商选择及评价表》，进行项目内部会签，以对候选供应商进行优选级次排名。

（5）准备及送审技术卡片或样品

专业/责任工程师按照优选级顺序，依次向业主及监理报审材料技术卡片及样品卡片，直至获得最终认可。

（6）提交《物资采购申请计划单》

成本承担部门根据最终技术卡片报审通过选定的供应商，填写《物资采购申请计划单》，通知采购工程师开始启动合同或订单谈判工作；对于已采购过的材料，成本承担部门需核对库存量后，再制定最终采购计划，以免过度采购。

（7）采购合同的谈判及签署

采购工程师根据《物资采购申请计划单》上的采购内容，与供应商进行最终的采购合同或订单的谈判，必要情况下组织成本承担部门、相关合约工程师协同谈判。采购工程师负责组织合同或订单的会签，填写《合同/订单审批会签单》，并最终完成签署，合同上除正常的商务条款外，还应特别注明货物的包装及验收方式。

（8）物资发运

根据合同或订单上运输条款责任划分，由供应商或项目直接负责货物运输。对于项目直接负责货物运输的情况，项目需委托公司贸易物流部平台组织相关提货、报关、发运等物流事宜。

（9）物资验收

物资发运后，采购工程师应当及时将发运物资清单、采购申请计划等相关信息提交物资部门，以便物资部门提前确定物资运送方式、存放地点和库存方式等。物资到港后，由贸易物流部或项目清关部门负责清关工作，并由物资部门组织专业工程师、采购主办人根据发货单等进行物资进场验证工作。验证完毕后，采购工程师负责填写《材料进场验收单》。验货过程中，如发现货物存在质量或数量上的问题，验收各方需及时搜集相关证据并反馈给采购工程师，由其联系供应商或保险公司解决。

（10）支付和结算

支付前，采购主办人先要征询专业部门对供应商的反馈意见，并根据合同或订单支付条款进行相应支付。电汇方式下，采购工程师填写《大清真寺外汇支付申请表》及付款委托书，提交公司财务资金部办理支付事宜；当采用本地货币支付货款或清关费用时，采购工程师应督促供应商出具合格发票，并及时核销。报销程序按照《大清真寺项目成本费用报销细则》执行。信用证方式下，按照相关信用证条款进行。

以大清真寺项目物资采购流程为例展示物资采购流程，如图 7-1 所示。

7.2　采购策划

采购策划流程如下：

1）确定采购目标

明确采购所需材料种类及个数、确定采购目标及任务。

2）确定采购成本

在项目成本框架下，根据合约对每项材料成本预估，在不发生重大设计变更的情况下，采购成本要覆盖预估成本。

3）确定候选供应商

（1）候选供应商获得途径

以往项目用过的品牌或者公司的合格供应商名单；网络搜索；设计师或者业主直接推荐的品牌。其中，搜索网站比较多，因此不管采用哪个网站，哪种途径，都需善用网络资源。一般不会直接将产品需求直接发给欧洲组货商，一是由于组货商的价格

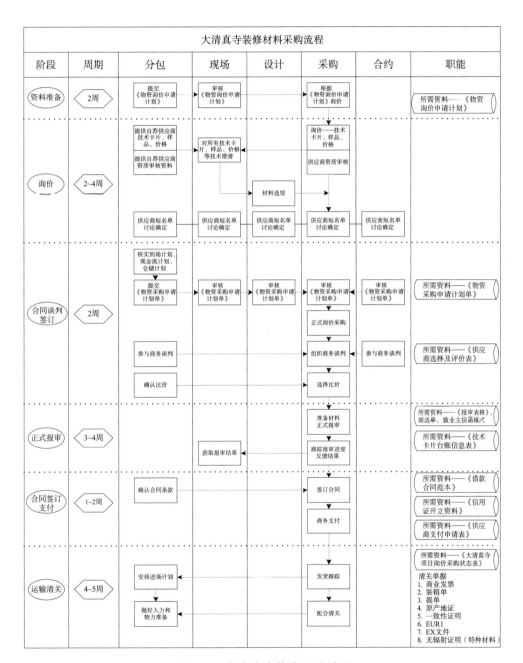

图7-1　大清真寺物资采购流程

高，二是由于我方掌握的资源会越来越少，不利于长期发展。

（2）供应商考察

不论采用何种方式获得的新供应商，如果涉及合同额较大或者影响关键线路施工，建议到供应商办公室和工厂考察，考察点主要有：营业执照；工厂地址面积，年产量，年订单；办公室员工数量及工厂员工数量；已完成的项目名称、国家、规模；供货产品的范围及认证；上游供应商及他们的客户；团队力量，组织结构，设计团队，采购团队，物流团队；银行信息，可通过我方银行或者第三方机构查询供应商银行信用及售后服务及在阿国是否有代理等。

（3）确定订单时间

确保物资进场时间能满足施工计划。

（4）询价

①询价包准备

询价包一般包括量单、相关图纸和专用技术条款（CCTP）中对该材料（设备）描述的相关页，也可包括参考技术卡片（如有）。初次询价的供应商，在邮件中应对公司及项目做简单的介绍。

询价包应注意做到清晰准确，避免冗长无用和错误的信息，避免发送过多图纸和不相关的CCTP条款。

②催交报价及技术澄清

询价发出后，应及时主动与供应商沟通，询问是否有表述不清楚或者供应商不理解的地方，询问技术及报价进展，是否可以按期完成以及预计回复时间。

收到供应商报价后，应第一时间检查报价完整性，是否包含价格、供货周期、技术卡片，报价范围是否正确，同时，应对供应商及时反馈及澄清。

（5）比价及确定供应商

通常情况下，选取三家及以上供应商进行比价（表7-2）。

比价内容包括价格、技术特性、供货周期、合同条件、设计能力、以往履约经历，形成比价表。价格比较时，可以比较单价、总价或是部分比价。对不同供应商，在报价能一一对应的情况下，首先对单价进行比较，汇总得到总价，分别得出每项产品单价高低比例及总价高低比例。单价比较时，注意比较比价产品是否具有相同或者相似的技术参数。对于系统供应商或无法拆分详细报价时，可以进行总价比较，或者对部分单价比较。

分别与不同的供应商就比价表中的因素进行谈判，谈判内容包括价格、供货周期、合同条件、设计能力等，更新比价表，形成最终版比价表。综合比价表中的内

供应商比价表   表7-2

序号	材料	数量	单位	供应商1			供应商2	供应商3	百分比
				单价	总价	技术特性	...	...	
1									
2									
3									
TOTAL									
	供货周期								
	合同条件								
	设计能力								
	以往履约经历等								

容，选出综合能力最强的供应商，确定供应商。

例如水泵比价，先了解不同形式水泵的特点及构成特征，方便理解供应商报价。其次，研究影响水泵价格的主要技术参数及具体体现在产品哪些方面。然后分析技术卡片，将不同供应商报价的技术特征写在比价表中，包括流量扬程、电机、材质、水泵形式等，加上商务条件和谈判结果，最终分析出最优供应商。设备类附件比较多且复杂，比价及签订订单时需多加注意。

7.3　供应商管理

7.3.1　供应商管理

1）询价信息收集整理

向欧洲等供应商询价时，需提前收集询价信息，包括量单、相关图纸和CCTP中对该材料描述的相关页，也可包括参考技术卡片。

采购人员要与责任工程师充分沟通确定采购标的物的要求，以求向供应商准确传达，避免因信息错误造成标的物与实际需求不符。采购人员在整理询价包时应注意做到清晰、准确，避免冗长无用和错误的信息。如一些简单的标准材料，仅需要发送量单和参考技术卡片即可，CCTP里的内容可将与材料有关的信息简要摘取到量单中。避免发送过多图纸、不加筛选的整篇CCTP和无用的文字，使供应商还需花费一定时间从图纸及CCTP中摘选信息。

2）寻找合适供应商资源

3）供应商资源筛选

（1）通过资格预审及供应商考察筛选

对于新开发的供应商，必须要对其进行资格预审，向供应商索要企业介绍，填写资格预审表，登录供应商公开网站等，通过其重点信息和数据来判断其是否符合项目采购要求。如对于有大量需求的材料，供应商的营业额、产能、人员编制、财务能力等就需要有足够的规模。对于较为复杂的产品，需要供应商与建筑师大量沟通澄清时，则需要供应商具备丰富的国际工程工作经验，否则将无法配合总承包商一同澄清，可以通过查看供应商网页是否有英语版、公司是否有人员可以熟练运用英语或法语工作等判断。对于时间要求紧急的材料，则在进行供应商考察时，重点要考察其厂房加工能力、车间管理能力和运行情况等。而对于质量要求高的材料，要特别关注供应商提供的各项质量合格证书。

如果有必要，对于采购金额较大的重点分供商，也可以求助于第三方机构，如http://www.societe.com/；https://www.infoempresa.com（分别侧重于法国和西班牙公司），购买目标公司的企业数据报告，也可以通过中国银行购买目标公司的营业数据等，以及通过咨询公司或者律师事务所做背景调查。

（2）根据供应商所在地域筛选

有时根据材料的需求时间、验货频繁度，甚至业主监理的地域偏好、建筑师的沟通需求等，也需要对供应商所在地域进行筛选。如长期工作在某国的建筑师，选择该国的供应商有助于建筑师参考材料样品、与供应商技术沟通及检查产品质量等。而例如有些材料监理只认同某些国家的材料，则在寻找供应商时应更倾向于寻找该国供应商，以减少技术卡片不被批复的风险。

4）确保材料及时进场

大清真寺项目的材料采购工作，由于材料的复杂性，项目外部管理机构的严苛等原因，材料采购从询价、报审、厂家技术答疑到最终审批通过、合同谈判、运输、清关进场，整个周期十分漫长。为满足现场需求，确保材料及时进场对于采购工作特别重要。因此要从各个环节进行把控。

询价阶段，尽量按照供应商筛选原则选出候选供应商，以缩短反复沟通筛选的过程。并提前考察供应商供货能力，以免出现供应不足的情况。

报审阶段，提前向供应商索要完备详细的技术文件，并与责任工程师及供应商的工程师紧密配合，积极与监理、业主沟通澄清。仔细准备和检查提交给监理及业主的样品。

合同谈判阶段，使用项目统一的合同模板，并提前发给供应商，以免在后续产生过多的分歧造成僵局。合同会签时请合约、区域等部门对数量、运输方式、清关等方面严格把关，避免因数量不足临时补货，以及为后续顺利运输清关进场做准备。

清关阶段，提前与供应商沟通单据开具格式，严格审核供应商单据草稿等。同时，由于大清真寺业主对于签署清关证明较严苛，应尽量提前申请业主清关证明。

5）大型海外项目采购与各个部门的联系

一个项目采购的开展，不可能独立出来单独进行，而是离不开各个部门的统一协作，能够合理地选择供应商是需要各个部门共同来完成的[35]。

（1）与设计技术部的配合

设计技术部是大型海外项目设计方案制定、施工图纸确定、材料要求选型的重要部门，采购工程师所有采购标的物的要求均需要设计技术部提供支持。

图7-2为设计与采购的联动。一方面，在采购询价阶段，采购工程师需要设计工程师了解材料的技术参数要求，以确保所询标的物满足主合同技术条款和现有图纸要求；另一方面，询价技术澄清阶段，对于一些技术条款不明确的材料，设计工程师又需要通过采购工程师取得潜在供应商的产品技术卡片，来确定图纸的最终方案。

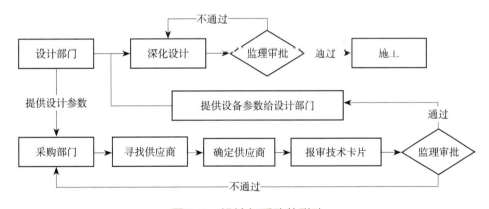

图7-2 设计与采购的联动

（2）与物资部的配合

物资部在采购中扮演了双重角色。首先，采购工程师拿到的每一份采购计划，都需要与物资部库房管理员确定材料的库存量，避免重复采购，造成成本浪费；第二，每当材料进场时，采购工程师必须将采购计划、材料进口的相关单据及信息提交给物资部，保证现场材料的验收入库顺利进行；第三，材料使用时的分发，也是由物资部完成。每当材料紧缺时，物资部需要提醒现场工程师及时提交采购计划；第四，对于一些采购量极大的材料，采购工程师需要配合物资部管理现场材料，减少浪费现象。除此之外，大型海外项目物资部的另一个职责就是执行少量物资的零星采购。

（3）与公司集采平台的配合

在某些特定情况下，项目为更有效地完成采购工作，也会寻求公司采购平台的协助[36]，包括但不限于：

①代理采购：有些区域管辖限制的大型供应商，如 SIKA，喜利得等，对于其分公司的销售地域有严格限制，所以当项目所需材料在项目所在地分公司不生产或者库存不足时，项目可以委托采购中心以外国贸易公司名义在欧洲代采购，以保证现场需求；如果有些供应商不接受项目名义的采购，则可通过公司自有信用等级较高的外国贸易公司与其交易[37]；

②资源协助：鉴于大型海外项目材料的复杂多样性，对于某些特殊材料，项目采购人员无法找到合适的供应商资源时，项目可向公司采购平台提出需求，利用其丰富的供应商资源和专业经验，帮助找到合适的供应商；

③成本节约：对于一些不同项目通用的材料，公司采购平台通常会集中采购以获得较低价格；对于一些长期与公司各项目有合作的供应商，公司采购平台会出面与其签订统一的框架协议，以保证各项目信息对等，并在价格、支付条件、供货等各方面享受最优待遇；

④专业协助：利用多年的采购经验和专业知识，对于项目采购人员在采购过程中遇到的任何商务、采购方面的问题，公司采购平台会给予专业的解答和协助；采购中心还专设了各项目的采购对接人，以随时针对项目提出的问题予以解决，及总体把控材料代采购等进展。

（4）与贸易物流部的配合

大型海外项目所使用的材料大部分来自欧洲或中国，材料的进口离不开贸易物流部的配合。贸易物流部总体把控整个第三国材料采购进口清关和境外出口业务、海运保险、租船业务等等。

（5）与财务资金部的配合

根据采购来源国的不同，采购工程师与供应商谈判后确定的支付方式也不同。通常与供应商的支付方式有电汇、信用证和托收、支票、现金这几种形式。财务资金部在采购过程中扮演完成支付的角色，总体控制着资金的流入和流出。

（6）与合约商务部的配合

作为一个项目所必备的部门，合约商务部在采购过程中举足轻重，主要负责敲定与业主签订的主合同规定的材料的基本成本价格。采购工程师在采购货物前必须与合约商务部沟通确认采购成本预算是否超标。每笔资金的使用也需要合约商务部来审核，以控制材料采购成本。另一方面，合约商务部也是合约风险控制部门，每一个采购合同／订单的签订，其中的条款必须由合约商务部严格审查把控，保证采购合同的风险降到最低。

（7）与法律事务部的配合

正常情况下，每一个采购合同都必须通过法律事务部的审查。但对于大型海外项目，采购合同量大，为了材料的及时采购，法律事务部不能对每个材料采购进行把控，但是可以对采购合同模板提供专业法律指导意见，从整体上把控采购合同的条款。如果有采购纠纷等情况的出现，那么法律事务部将出面通过法律手段解决相关问题。

6）大型海外项目采购应注意的几个问题

（1）各个国家关于进出口的法律

每个国家海关对于材料的进口有相关规定：对于一些不允许永久进口的材料，只能采用项目名义临时进口；危险品严禁进口，如火药、环氧类易燃易爆产品；对于某一些需要进口许可的材料，必须到相关部门申请相应许可，比如临时进口许可、测量许可、通信设备许可、植物进口许可等等；需要申请进口配额的产品，需要每年提交采购配额。

（2）供应商的区域销售限制

很多大公司，例如 SIKA、喜利得等公司，大多属于跨国企业，在全球范围内，有很严格的销售区域限制。比如大清真寺项目所在地为阿尔及利亚，属于北非范围，采购材料只能通过阿尔及利亚当地独家代理采购。当地代理供货时间又相对较久，进口材料平均需要 2~3 个月，甚至更久。

尽管有些厂家还可以通过公司成立自有海外贸易公司进行采购来解决此类问题，但是对于大多数厂家来说此方法效果并不明显。

（3）供货时间无法完全保证

由于大部分材料来源国为第三国，生产和运输时间有时候无法满足项目的紧急需求。当地材料供应商的不守约行为，也会导致材料供货时间的延长，从而导致项目停滞[38]。

（4）银行的限制

国际采购支付方式大多采用信用证方式，但是信用证方式存在一个弊端——开证行和通知行之间必须存在密押关系，买方才能给供应商开具信用证。此外，买方对于一些中东国家的银行存在限制政策，买方银行并不愿意与这些银行合作。所以，使用这些银行的供应商的付款十分困难，导致采购工程师在付款条件谈判阶段的工作推动困难。

（5）信用证、保函、清关在大型海外项目采购中起到的作用

大型海外项目的材料采购及进口，支付方式，履约的保证和进口清关，是材料顺利采购、项目顺利进行的保障。信用证、保函及清关在物资第三国采购中起到了至关重要的作用。

7）机电设计管理中材料采购管理

机电材料的种类、品牌众多，来源国也众多，如何以合理成本采购到满足项目功能与进度要求的设备材料，有赖于合理的采购策划、采购管理以及强大的采购团队。

以大清真寺项目水暖专业为例，设备材料涉及共计约 100 个品牌，包括各类管材、水阀、风阀、保温材料、空气处理机组、风机盘管、精密空调、换热器、风机、水泵、防火材料、地暖系统、厨房吊顶系统、气体灭火系统、软化水系统、中水处理系统、太阳能系统等等。仅水阀门就涉及 15 个来自法国、德国、意大利、西班牙的品牌，共计 56550 个。

8）采购合同要点

采购合同的要点包括但不限于：报价单及价格有效期、技术卡片、设计能力、安装指导和调试、质保与质保期、供货周期、包装、支付条件、单据要求、延期罚款、适用法律。

（1）报价单及价格有效期

报价单及价格有效期，是约束每个订单的要素。报价单需明确的信息包括：不同型号的产品编码对应的单价，设备类需明确标明设备的具体参数；报价有效期；生产周期；价格形式是 EXW 或者 CFR。在所规定的价格有效期内，产品的价格不能随意变更，且合同外未考虑到的同类型产品的价格也应参考合同报价单。

（2）技术卡片

技术卡片是约束厂家供货的基础，签订合同阶段，注意将批复通过的技术卡片作为合同附件，并经我方与供应商签字确认，以防实际到货产品与技术卡片不符。若因特殊原因变更产品，应该有相应的书面说明。

（3）设计能力

某些设备及复杂系统的计算书或者系统图需要依靠供应商的支持来完成，例如CTA、水泵、板换、冷水机组等大型设备，在深化设计阶段需要参考供应商提供的基础数据，如温度、湿度、流量、设备处理能力、设备尺寸、重量等。当设备基础数据

无法满足设计需求时，需要与供应商的设计部门讨论解决方案，定制设备[29]。一般这些大型的生产商，技术比较成熟，设计人员的能力基本可以满足项目需求。

一些复杂的系统例如气体灭火系统、厨房吊顶系统、太阳能系统、辐射吊顶系统、水处理系统等，因其专业领域特殊性，一般情况下，由项目提供基础数据，供应商负责计算及设计，或者项目完成设计计算，由供应商审核其可行性。对于这些系统，初次与供应商接触时，需确认对方是生产商还是中间商，是否具备设计计算、出图及复核的能力，如果不具备，可转向其他供应商。

（4）安装指导和调试

在大部分设备供货合同中，要求供应商提供安装指导和调试的服务[39]。但很多欧洲供应商只负责供货，尤其是一些德国和西班牙供应商对阿尔及利亚市场比较陌生，这部分是合同谈判的难点。而一些法国和意大利的供应商，因为和中建集团的合作关系，或者在当地国有代理，他们相对比较容易接受这部分条款。

一般情况下，在设备询价和技术澄清阶段，提前将安装指导和调试的要求提给供应商，以便供应商在报价阶段考虑这部分费用和提前考虑适当的人选，或者建议由当地代理负责这部分工作。如果由当地代理负责安装指导及调试，合同内需注明，不能免除欧洲供应商的责任，欧洲供应商是安装指导及调试的第一责任人。因为有时当地代理的反应速度和效率相对较低，而且受制于专业水平的限制。

（5）质保与质保期

质保与质保期，是约束厂家对到场材料质量保证的要素，由于承包方与业主的合同为项目临时验收后2年最终交付，故承包方需尽可能将对业主的质保责任转移至供应商，让供应商的质保期尽可能多地覆盖临时验收后2年的时间，最理想的质保期即为从项目临时验收后起持续2年。此约束对于设备类，大部分供应商可接受，即从我方出具验收报告起2年的质保期；而对于普通材料类，供应商可接受从货物到场起2年的质保期。

另外需要注意的是，供应商会提出，在质保期内，如发现设备或材料损坏，经鉴定后，若是设备材料本身的质量问题，则相关责任由供应商承担，若因为操作或者使用不当引起的，相应责任由我方承担。

（6）供货周期

①常见情况及解决方法

供货周期，在比价阶段已作为重要的比较因素；在合同谈判阶段，应明确每种产品的供货周期，以实现对供应商供货时间的约束，同时也是对供应商延期罚款的必要条件。

如果供应商提供的供货周期无法满足我方的需求，可以与供应商沟通，找到供货周期延长的原因，进而采取相应的补救措施。

如果是因为工厂订单较多、排产的原因，可适当通过补偿供应商的方式解决（在供应商同意的情况下）。如果是因为原材料采购的问题，可与供应商进行技术变更，是否可通过改变原材料的方式缩短供货周期。如果是因为供应商的下游供应商供货周期出现问题，是否可通过更换下游供应商的方式解决问题。如果是产品本身确实需要这么长的供货周期，我方只能调整现场施工计划或者更换供应商。

②大清真寺项目案例

大清真寺项目钢管供应商 Jannone，在一批将近 40 万欧元的供货合同中，提供的供货周期是 70～80 天，经过几次谈判，仍维持不变。当时的背景条件是，第一，我方只能接受最长 30 天的供货周期；第二，Jannone 提供的技术卡片已经批复，重新提交技术卡片批复的可能性低，而且耗时较长。

针对这种情况，我方采取的措施是：第一，寻找替换供应商，在最短时间内获得报价和供货周期；第二，与 Jannone 面对面谈判，了解他们的供货渠道和供货时间长的具体原因。因为事先拿到了其他供应商的报价和供货周期，加重了我方的筹码，使我方在谈判中处于有利位置，加之 Jannone 有强烈的获得订单的欲望，最终我方获得了理想的供货周期，满足了现场的使用需求。需要注意的是，虽然在订单中，我方获得了理想的供货周期，但是过程执行同样重要，我方要求供应商每周提供备货及生产的进展，最终得以满足需求。

（7）包装

包装应符合所使用运输工具的防护措施要求，适应长途运输，能够满足防潮、防震、防腐蚀、防锈、防爆炸并利于装卸的要求；对于所有配件，应进行封闭包装以防丢失；对一些易碎或不可倒置的材料，在包装上应注明"易碎""请勿倒置""向上"等字样。

在陶瓷洁具的采购过程中，在合同谈判阶段，我方要求供应商提供产品标准包装信息及图片，我方核实是否满足需求，如不满足，可要求供货增加保护措施。这是因为，虽然供应商提供的是 CFR 价格，但是风险的转移是以货物越过船舷为界，也就是说，在 CFR 条件下，当供货商完成货物装船，货物的所有权和风险即归属我方，而大部分情况下，我方不购买海运保险，也没有参与货物装箱及装船的过程。当货物到场后，如果发现货物有损坏，责任难以界定。

有些供应商报价时会单独增加一项包装费，而且价格高，我方需要让供应商解释清楚提供的包装信息和图片。对于通用类不易损坏材料，如阀门，管子和管件，一般不需要提供特别的包装，可要求供应商将此费用项删除，只提供最简单的托盘。但是也遇到过知名阀门供应商 KSB，必须提供特殊包装，且费用较高，当时我方只能接受采用 CFR 条件发货，最终导致与 KSB 失之交臂。

（8）支付条件

支付条件需结合金额大小及供应商所能接受的方式进行选择，电汇作为操作最方便、资金流最优的方式，往往是我方的第一选择。但有时供应商可能要求信用证支付，此时需要在信用证中明确合同中的要素，尤其是单据要求。

对于普通材料，可以在货物到场后的一定时间内进行 100% 的支付；对于复杂设备，则在货物到场支付后，需保留一定的质保金，或要求供应商对我方开具银行保函以保证材料安装后的正常使用，同时也是对供应商后期对设备调试或维保的一种约束。

（9）单据要求

单据要求需根据海关或银行背书要求，在合同中明确所需的单据种类、份数及必要的产品信息，可能需要根据材料的进口名义不同而进行调整。

（10）延期罚款

延期罚款是对供货周期的约束，通常为订单金额或者延误金额的 1‰ / 天，或订单金额或者延误金额的 1% / 周，总罚金不超过每笔订单额的 5%，该条款是合同的必要条件。实际操作过程中需注意，不是只要供应商发生延误，我方必执行罚款。有时适当提醒供应商延期罚款条款及发送罚款金额，将在后期起到警示作用，也可成为我方后期谈判的有利砝码。

（11）争议解决方式

①与第三国分包商、供应商的合同

争议解决方式：可选择法院诉讼或国际仲裁。

当出现争议时，首选国际仲裁，由国际商会仲裁院（Chambre de Commerce Internationale）仲裁，仲裁地点为巴黎或日内瓦（避免选择除法国以外的分包商所在国），仲裁语言为法语或英语，可约定三名仲裁员不得拥有同一国籍。

②与项目所在地分包商 / 供应商的合同

争议解决方式：选择项目所在地的法院管辖，不得选择仲裁；适用法为当地国家法律。

③与中国分包商 / 供应商的合同

争议解决方式：由北京仲裁委员会进行仲裁。

7.3.2 保函管理

1）定义

保函，又称保证书，是指银行、保险公司、担保公司或担保人应申请人的请求，向受益人开立的一种书面信用担保凭证，以书面形式出具的、凭提交与承诺条件相符的书面索款通知和其他类似单据即行付款的保证文件。保函开立的流程如图 7-3 所示。

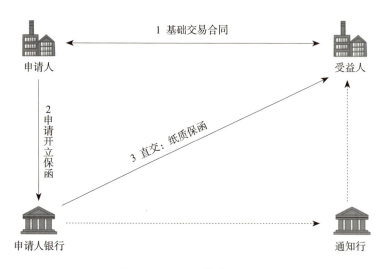

图7-3　保函开立流程图

分包（供）商保函，即在我司与分包（供）商签订分包（供货）合同的背景下，为了保证分包（供）商正常履约而通过第三方担保机构给我司提供的书面保证承诺。

2）保函的特性

独立性，独立于基础交易合同。保函是依据合同开立，一旦开立又独立于合同。

3）保函要求

（1）保函担保行的选择

对于分包（供）商保函担保行的选择，应尽量选择集团资产规模较大、银行资信较好及与巴黎中行有 SWIFT 密押关系往来的银行或金融机构[40]。如果分包（供）商提出选择担保公司、保险公司或者其他金融机构作为担保方，原则上我方不接受，如遇特殊情况，则应至少为全球前五百强企业，以保证保函出现索赔时担保方能及时兑付。

（2）保函的独立性

我司在审核分包（供）商保函格式之时，应要求分包（供）商开立独立担保，即保函格式中带"不可撤销见索即付"（to pay on the first demand irrevocably and unconditionally）字样保函。

（3）保函金额

保函条款中需规定，买卖双方基于编号为 XX 的采购合同，卖方开具金额为 XX 的不可撤销见索即付的履约保函。

（4）保函生效条件

在我方提供给供应商的保函模板中，应明确规定，保函自开立之日起即生效，不接受其他任何附件条件。尤其是对预付款保函，很多供应商要求，先收到预付款，再开立保函，这样的条款不可接受。

如果保函条款规定，如有合同项下的补充合同，涉及合同金额变化的，需要重新更新保函，否则原保函失效。当时我方没有注意到保函中这一条款，导致签订补充合同后没有及时更新保函，而使原保函失效，在后期的履约过程中，使我方处于被动地位。

（5）保函失效日期

在保函开立时，与供应商确认保函有效期，需要全面考虑供应商的履约能力，为避免出现我司要求供应商对保函进行延期，而担保行不予以合作或处理时间较长的情形，应充分考虑合同执行期，在保函格式中应明确保函失效具体日期。

一般情况下，根据实际需要，在保函失效 2 个月前，应提前通知供应商延期。

（6）保函通知行

保函通知行作为保函认证行和发生索赔情况下的代索行，负责在我司与供应商保函担保行之间传递信息，协助我司进行保函的管理。原则上，我司统一选择巴黎中行作为保函的通知行，即保函开立后通过 SWIFT 系统通知到巴黎中行，而非传统的纸质形式，即 "Authentication of the Act Issued by Swift Message"。

（7）保函适用法律

为规避法律风险，简化索赔程序，我司在审核保函格式中，对于保函适用的法律条款，应适用《见索即付保函统一规则》（2010 年修订本），即在保函中规定 "This guarantee is subject to the Uniform Rules for Demand Guarantees（URDG）2010 revision, ICC Publication No.758. But the supporting statement under article 15（a）（b）is excluded." 而非适用各个国家的当地法律。

为保证保函条款符合我司要求，均应要求供应商在开出保函之前，将草稿递交给我司审核，项目组在收到保函格式后，如有不确定之处，应发给财务资金部保函管理人员审核，以最终确认。为规范保函格式、节约管理成本，在与供应商谈判的过程中，也可参考公司履约及预付款保函格式。

保函开出后，项目组与分公司财务资金部均应建立相应台账以进行动态管理，适当时机利用保函，成为保护我方的工具。

对部分履约过程存在问题，不配合延期的供应商，必要时可采取非延即付的措施强制延期，但这种方法对我方也有风险，需与主管领导沟通讨论后再决定。

总而言之，保函常见风险的防范措施为：加强前期审查，审慎检查条款，加强保函中期管理，保函后期注意原件回收。

7.3.3 履约管理

1）生产确认

订单签订后，根据合同条款的节点时间约定，与供应商确认是否开始生产，必要时要求供应商提供工厂生产照片。最好以邮件形式确认，并保留好相关往来邮件。

2）生产进度跟踪

供应商确认已开始生产程序，我方也需要随时跟踪货物的生产状况。根据供货周期，可定期与供应商确认生产是否顺利进行，可否按期交货。预计生产完成前10~14天再次和供应商确认生产状态，了解货物是否能按时生产完成，或者是否能提前生产完成。如果不能按时完成，需要了解延期的原因，如果延期时间过长，需采取相应的解决办法。例如，寻找拥有可替代商品的供应商，及时补货或者采用分批发货。

必要时，可以去工厂查看生产进度，面对面与供应商确认具体生产进度，完成进度及物流方案。

3）材料发运

① EX-W Incoterm（适用于所有交通工具）

一般情况下发运流程如下：货物距离计划生产完成2周前，与供应商确认货物是否可以按时完成生产；与供应商确认包装完成时间，提前通知供应商需要准备的单据；联系贸易物流部，确认物流方案；跟踪货代与供应商沟通及装货情况；与贸易物流部沟通，跟踪货物装船和发船到港情况及单据审核；到港后，与清关组沟通注意查收到港通知，启动清关程序。

② CFR Incoterm（仅适用于海运）

一般情况下发运流程如下：按计划生产完成时间提前2周与供应商确认是否已订

船、预计发船时间、预计到港时间、航线、选择的船运公司等信息；预计发船时间5天前，与供应商确认货物是否已装箱；预计发船日期后第二天，与供应商确认船是否已出发。如未出发，询问具体原因和再次出发的时间并开始审核单据；根据提单号，跟踪船的航行情况（尤其转港船）及具体到港时间；到港后，与清关组沟通注意查收到港通知，启动清关程序。

需要注意的是，EX-W Incoterm 情况下，需要提前了解供应商是否具备装箱能力，如果不具备，则需提前告知贸易物流部通知货代，以采取相应措施。

发运前将发运清单或形式发票提交给进口清关负责人，让其核实进口资质范畴，是否存在敏感物资和违禁品，是否需要办理相关许可，如靠港前许可，包括电信许可、能源部许可、内政部许可、国防部许可；靠港后许可，包括测量局许可、版权局许可（例如，通信终端设备与无线电设施需要申请电信许可，测量仪器如热量表、水表、温度计、压力计等则需要申请测量局许可）。

4）单据审核及寄送

清关单据审核要点如表7-3所示。

清关单据审核要点   表7-3

审核内容	审核要求点
发票	1. 检查发货人、收货人名称，地址，NIF号是否准确； 2. 审核货物海关代码和单位是否与阿国海关要求一致（由清关组提供）； 3. 审核单价小数点及各项总价小数点后是否保留两位小数，不可四舍五入，检查计算是否正确； 4. 信用证支付时，LC信息是否与LC正文一致
箱单	1. 检查发货人、收货人名称，地址，NIF号是否准确； 2. 审核包裹和（或）托盘数量、净重、毛重、集装箱号是否与提单及其他单据一致
原产地证明	1. 审核包裹和（或）托盘数量、净重、毛重、货物描述、集装箱号是否与提单及其他单据一致； 2. 信用证支付时，LC信息是否与LC正文一致
提单	1. 审核装运港、目的港、集装箱号、数量、净重、毛重、货物描述是否与其他单据一致； 2. 信用证支付时，LC信息是否与LC正文一致； 3. 检查发货人、收货人名称，地址，NIF号是否准确
一致性证明	1. 检查发货人、收货人名称，地址，NIF号是否准确； 2. 信用证支付时，LC信息是否与LC正文一致； 3. 其他信息是否与其他单据一致
EUR1	1. 检查发货人、收货人名称，地址，NIF号是否准确； 2. 包裹和（或）托盘数量、净重、毛重、货物描述、集装箱号是否准确； 3. 信用证支付时，LC信息是否与LC正文一致

正式单据邮寄前，要求供应商提前将单据草稿电子版交给我方审核，审核无误后再邮寄，以免在货物到港后因为单据问题导致清关延迟，造成我方经济损失，更严重者将造成工期延误。在没有得到通知的情况下，大部分欧洲供应商会直接出正式单据，在发船前，提前与供应商物流部门沟通，所有单据草稿经买方审核无误后再出正式版。一般发船 3～5 天后，供应商可拿到全套清关单据原件，我方在关注船运状态的同时，也要及时向供应商索要邮寄单据的快递号，最好选用邮递速度较快的DHL，而避免选用 TNT、UPS 等邮递速度较慢的快递公司。

收到单据后，也需要再次审核单据是否完整，是否符合要求，因为即使提前和供应商核实过单据草稿，也会出现单据错误的情况，如果该错误影响清关，需及时让供应商修改单据并重新邮寄原件，如果不影响清关，可以先提交单据给物流部清关，并让供应商提供新的正确的单据。

5）清关跟踪

与供应商确认发船日期后，应随时跟踪船的航行状态，船的跟踪可以借助提单在船运公司的网站上查到，了解发船日期、途径港口、到达日期以及是否船期推迟，货物是否被转港等重要信息。

作为采购工程师，应随时对接进口负责人了解清关情况，对清关中遇到的问题，积极配合进口负责人的工作，给予相应的帮助。

6）材料到场验收

货物到场后，应仔细检查集装箱封印，确保是否完好，如果发现封印被破坏，需联系相关人员（物流、货代）共同到场检查，清点，拍照取证，为后续的澄清或纠纷工作做好准备。

采购工程师在收到材料到场消息后，及时联系集装箱管理人员送到相应的库房，并准备好相应的材料验收单，待库房掏箱后，通知相关工程师进行验收，验收工作主要是核对货物的材质、数量、型号等是否与订单或合同一致，如果不一致，需及时联系供应商进行处理，常出现的情况可能有：

（1）数量不符合（供应商经常有少发的现象）；

（2）材质不符合（例如购买的是青铜的阀门，结果发运的是黄铜的材质）；

（3）配件数量与主体不符合（供应商经常会少发配件，有时可以在验货阶段查验出来，但有些时候则是安装时才能被发现）；

（4）运输过程中出现货物损坏；

（5）技术问题（主要出现在安装时期，安装时发现货物不能达到某些技术要求）。

以上各种不符合的情况，都需要照片或视频取证，并及时联系供应商进行澄清，确认责任方，及时解决，如果是供应商发货疏忽，则要求他们及时补发，以免耽误工期或者在付款时扣除相应的材料款，如果是我方下单时疏忽，则需及时补单，或采取相应的解决办法。

7.3.4　支付管理

1）常见的支付方式及优缺点

常用的支付方式分为电汇、信用证和托收，其特点和适用条件如表7-4所示。电汇指通过电报办理汇兑，是付款人将一定款项交存汇款银行，汇款银行通过电报或电话传给目的地的分行或代理行（汇入行），指示汇入行向收款人支付一定金额的一种交款方式；信用证，是指银行根据进口人（买方）的请求，开给出口人（卖方）的一种保证承担支付货款责任的书面凭证；托收是指在进出口贸易中，出口方开具以进口方为付款人的汇票，委托出口方银行通过其在进口方的分行或代理行向进口方收取货款的一种结算方式。

三种支付方式的优缺点和适用条件　　　　　　　　　表7-4

支付方式	优点	缺点	适用条件
电汇	费用低、手续简单、耗时短	风险大、资金负担不平衡。发货前付款，风险与资金负担都集中在采购方；发货后付款，风险集中在供应商	电汇付款可与预付款保函或付款保函配合使用，平衡双方风险
信用证	安全可靠；授信开证，减少资金压力，供应商容易接受；对于供应商单据控制力度高	费用高、手续复杂、耗时长	适用于大额合同
托收	费用较信用证低，手续较简单；发货后承兑/付款，风险较预付款小	所有单据通过银行传递，流转时间较长，寄单速度把控力度不高	在了解供应商制单情况下，发运周期较长时，可使用托收

2）信用证操作介绍

（1）信用证特点

信用证具有独立性，它以合同为基础，但是一经开出就不受合同约束。信用证是纯单据业务，凭单付款，只要单据相符，开证行就会在规定时间内给受益人付款。

信用证费用较托收高，开证时间长，若开证内容有误，又会增加改证时间，可能

影响供应商的生产和发运。另外，需要操作人员对信用证有一定了解，否则不易争取
到对己方有利的信用证条款。

（2）信用证成本控制

①新开信用证

巴黎中行对信用证的费率是按年计算。也就是说，不管申请的信用证有效期是
2个月，还是9个月，银行都会按照一年的费率来收取开立费。

对于大清真寺项目而言，很可能出现信用证到期后，由于技术变更，或供货不及
时导致供应商未按时发货的情况，因此在发货之前，供应商会要求项目延期信用证，
建议采购工程师尽可能开立有效期为1年的巴黎中行信用证。

②延期

信用证延期则按照季度收费，尽量按照3个月、6个月、9个月等期限收费。

③交单次数

应减少交单次数。在不影响现场进度的情况下，采购工程师尽可能要求供应商减
少分批发运次数，从而减少每次交单时银行收取的审单费、报文费、邮寄费等银行
费用。

④更改信用证支付

和供应商有了几次交易基础后，相互有了一定的了解和信任，采购工程师可积极
和供应商重新协商支付方式，避免使用信用证。

（3）不符点

供应商在制作单据期间，采购工程师应主动、及时和供应商联系沟通审单，协助
供应商制作单据，提醒其尽早交单，既能及时避免不符点单据可能带来的清关问题，
也避免不符点导致拒付。

跟单信用证的审单原则是单证一致，单单相符。常见不符点包括但不限于：单
据中收货人/发货人未严格按照信用证规定填写；提单上未体现 "shipped on board"
的装船批注；箱单上提单号有误，原产地证明上发票号有误，单据中信用证号有误
等；重量，数量，金额均不一致，如大部分单据上体现的是98.28kg，而原产地证
明上体现的是98kg；单据上没有完整体现信用证规定的货描内容。如信用证货描为
"matériel d'ascenseur"，但是提单、原产地证明等单据中只有明细，如电梯导轨，电
梯配件或仅有型号等，未体现总货描 "matériel d'ascenseur"，或者误写成 "material d'
ascenseur"。根据《跟单信用证统一惯例》（UCP600）第14条d款及e款，除发票外
其他单据的货描不必跟信用证完全一致，可用统称，但不得与信用证规定的货描相矛
盾。这样避免了因货描较多容易产生单据之间不一致的风险；受益人证明上体现的时

间早于其他单据的时间；累计交单索款金额超过信用证总额；同一批货下的并联提单（只有提交了提单 B 才能清关的提单 A）分 2 次交单；发票单价条款中没有体现《国际贸易术语解释通则 2010》（INCOTERMS2010）；没有提供快递单，或快递不是由指定的快递公司寄送；双开进口模式下，除了发票和箱单，其他单据体现了中行信用证号、合同号和形式发票号，违反了信用证的要求。

这些常见不符点，不仅要规避，采购工程师更要灵活地把不符点当作维权武器。一旦单据制作有问题，且供应商不配合修改单据，即使巴黎中行审单结果为无不符点，采购工程师也可以向银行申诉或要求银行重新审单，判定单据存在不符点，以达到拒付的目的。

（4）及时处理到单通知

如果单据有不符点，但不影响清关，我方可接受不符点，如我方不及时下达支付确认指令，巴黎中行会自动拒付。

如果单据无不符点，但实际严重影响清关，如果我方不及时向巴黎中行申诉重新审单，并下达拒付通知，则巴黎中行将自动兑付。我方缺少了对供应商修改单据的约束，一旦供应商拒不修改，将严重影响货物到场时间，甚至可能无法清关拿到货物。

（5）掌控信用证工作节点

为保证开证顺利，采购工程师需和供应商在合同谈判期间沟通如下信用证细节：

①确定密押关系

针对中建阿尔及利亚公司属下的项目，只有和巴黎中行有电文密押关系且有一定信用资质的银行才能作为通知行。采购工程师必须提前获取受益人银行的信息（包括名称，地址，SWIFT 码），巴黎中行凭此调查其资质并确认密押关系。需注意的是，即使巴黎中行之前对同一家银行开过信用证，也不代表现在仍能开证。采购工程师不得存有侥幸心理，耽误开证。

②确认单据要求

大清真寺项目的进口方式有两种，项目名义和扩大外账模式，供应商不一定了解和接受这两种进口模式，需提前和供应商解释每种进口名义的不同和单据的不同要求。

③确认信用证条款

采购工程师在合同谈判期间，以巴黎中行以往出具的信用证为模板，和供应商确认信用证细节。该模板中含有巴黎中行为规避风险做的特殊约定，受益人及受益人银行不一定能全部理解和接受，需与其进行确认。

④确认形式发票

确认开证用的形式发票的抬头、货描、数量、总货值、信用证付款比例及付款时间以及 Incoterms，并签字盖章。

因沟通事项较多，涉及的单位较多，沟通时间往往较长。若采购较为紧迫，且确定用信用证付款，建议采购工程师在确认完密押关系，取得了符合开证要求的形式发票后，即刻提交开证申请，在出信用证备稿之前还有时间继续催促供应商沟通确认信用证细节，然后在备稿中进行修改。但应注意，无法修改备稿中的受益人和通知行以及信用证金额。

（6）及时和中行沟通维权

银行的回复不及时，信用证开立 / 修改不及时，都会影响供应商对我方的信任程度，从而影响我方的采购进度。而大清真寺项目屡屡遇到各种信用证方面的问题。通过 UCP600，国际商会对银行信用证的管理有明确规定。我司作为巴黎中行长期的忠实客户，应当享受到相应的服务。一旦银行未按照 UCP600 按时尽到其义务，我司应找其及时索赔维权，而不是一味地委曲求全。

①实例 1

背景：2018 年 7 月 4 日给供应商开立了"可加保兑 MAYADD"信用证，且北京中行作为中转行。供应商要求其通知行加保，而通知行于 2018 年 7 月 5 日发 SWIFT 要求北京中行加保之后通知行才加保。据巴黎中行称，北京中行于 2018 年 7 月 19 日向巴黎中行转发该消息，我司于 2018 年 7 月 20 日才收到该通知。

解析：根据 UCP600 第 8 条 iid 款（如开证行授权或要求另一家银行对信用证加具保兑，而该银行不准备照办时，它必须不延误地告知开证行），通知行在收到信用证后第一时间做出加保条件（尽管该条件不合理），但是中转行没有尽到无延误转发通知的义务，延误半个多月，供应商也因此不能加具保兑，迟迟不肯组织生产。

这种情况，我司应主动和银行了解事情经过，反映其中问题，针对产生的严重后果适当维权。

②实例 2

背景：按照规定，银行发出信用证到单通知后，我司需对其做出付款指令。但是我司收到到单通知书之时，往往也到了银行的兑付日期。

解析：根据 UCP600 第 14 条 b 款，开证行"自其收到单据的翌日算起，应拥有最多不超过五个银行工作日的时间以决定交单是否相符"。交单通知书上的开具时间和要求我司下达付款 / 拒付指令的最晚期限一般小于 5 个工作日，比较符合该条款。但是，银行却经常延误传递给我司该付款通知的时机。如通知书开立时间为 7 月 2

日，但是我司于7月4日下午5点多才收到该通知，而经理部信用证负责人为属地化员工，下午5点就下班，周五不上班，直到7月8日（周日）才发给项目做付款指令。而通知书上标明的指令最晚期限是7月7日，付款日是7月8日。但银行周日不上班，无法处理付款指令，银行系统自动做出决定。倘若单据有问题，银行却判定无不符点，我司就失去了申诉机会，无法有效制约供应商。倘若单据无问题，银行却判定有不符点，自动拒付，也会间接影响供应商对我司的信任。据统计，针对即期付款信用证，到单通知书日期和兑付日期间隔2~11个日历日不等，我司应就此事向银行申诉，银行必须无延误地转达通知，并合理规定付款日。

7.4 大清真寺项目中的采购案例分享

1）风机案例

项目初始，由于业主和监理的认可，风机品牌被选定为Franceair。因为我公司长期采购合作伙伴（机电设备采购代理）是Simalga，我方同时询价西班牙Franceair和法国Franceair，因为价格差距和法国Franceair历史合作问题，最终选定西班牙Franceair为供应商。同时，西班牙Franceair将与大清真寺项目合作的事实通知法国Franceair，包括报价也发送给法国。法国Franceair通知我方，大清真寺项目必须与法国合作，经过我方与法国总部的努力沟通，法国总部邮件确认，大清真寺项目可以与西班牙Franceair合作。

我方顺利地与西班牙Franceair达成采购意向，并通过采购伙伴Simalga签订几个防火阀订单后，西班牙公司突然通知我方，大清真寺项目不能与西班牙Franceair合作，只能与法国合作。我方派遣相关人员从阿尔及尔赴马德里同西班牙Franceair及Simalga召开会议，准备了解事情原因并商讨解决方案，法国Franceair在我方不知情的情况下，赶到Simalga公司强行参与会议，目的是表明法国Franceair是大清真寺项目唯一合作方，尽管我方努力举证，但他们坚持他们的观点。会后，我方联合Simalga，西班牙Franceair共同努力，最终法国Franceair总部以正式信函通知我方，大清真寺项目与西班牙Franceair合作，我方以为事情得到了圆满解决。

因为消防风机的技术卡片需要消防局批复，消防局在批复技术卡片过程中联系Franceair在阿尔及利亚的代理（代理与法国Franceair合作），当地代理确认，我方报审的风机技术卡片非Franceair产品，只有法国提供的产品才属于Franceair产品范围。于是，基于语言优势，业主及监理多人与法国Franceair联系，均得到相同的答案，报审产品非Franceair品牌。同时，法国Franceair出口负责人在我方不知情的情况下，私自到阿尔及尔拜访监理，然后又对我方声称，我方报审的产品是 Franceair 品牌相同的产品，只需更换产品系列。又把相同的建议提供给西班牙 Franceair。接下来，西班牙 Franceair 专程来到阿尔及尔与业主及监理召开会议澄清产品系列，即引用法国 Franceair 出口负责人的意见，听完他们的解释，业主和监理更加怀疑产品的真实性及 Franceair 品牌。

基于业主对 Franceair 品牌的不信任，我方及时向业主推荐另一风机品牌 Casals，并最终获得业主的认可，将大清真寺项目的风机更换为 Casals 品牌。

由此我方总结，中建集团作为全球最大的承包商之一，对很多供应商来说是举足轻重的客户。Franceair 几经周折企图达成与我方的合作，其根本原因是不想失去大清真寺项目的订单和以后与中建集团的合作。我方与供应商的交流，在互相尊重的基础上，要摆正买家的态度，交易中才能处于积极主动的位置。更重要的是，总承包商手中要有备选资源，才有谈判的底气。

2）水泵履约保函案例

（1）背景

2017 年 11 月和 2018 年 5 月，大清真寺项目与西班牙供应商分别签订了空调水和给排水系统水泵合同。合同约定供应商将合同额的 5% 开立履约保函，金额分别为：21254 欧元和 30390 欧元，时间区间分别为 2018 年 2 月 12 日~2020 年 4 月 30 日和 2018 年 7 月 25 日~2020 年 4 月 30 日。项目部在收到供应商银行提供的履约保函草稿后，便将开立保函的相关信息发给接收中行保函的负责人核实，但直至 2018 年 9 月供应商也未收到供应商银行开立的保函，多次联系供应商后得知，供应商银行 Caixabank 通过 Credit Agricole CIB 通知给巴黎中行，最终被巴黎中行拒收。

（2）问题及解决措施

问题：两份合同的履约保函仍未开出。

解决措施：

得知供应商无法通过巴黎中行传递履约保函电文后，要求供应商更换开立保函银行；要求供应商向其银行申请开立信开履约保函；在未拿到供应商开立的保函前，暂扣部分材料款，并督促供应商加快开立速度，直至收到保函才可释放。

（3）未来经验

合同签订后应立即要求供应商在约定的范围内开立履约保函，这是因为开立履约保函的时间拖得越久，开立的难度就越大；如果供应商故意拖延，不愿意开立保函，那么总承包商在没有拿到保函之前，不可将所有款项支付给供应商。

3）水泵案例

（1）背景

2017年11月和2018年5月，大清真寺项目与西班牙供应商分别签订了空调水和给排水系统水泵合同。但由于未明确每台水泵需要的配件，且不清楚合同附件中的配件数量与水泵是否对应，哪些配件包含在水泵单价中，哪些配件需要额外订购，以及遇到了水泵与配件并不是配套发运等问题，导致水泵安装工程出现问题。

（2）问题

安装水泵时不清楚每台水泵对应的配件，发现配件不足等问题时，需要重新补货，备货时间长，影响现场安装进度。

（3）解决措施

签订合同之初或签订订单前，项目技术工程师应清楚列出每台水泵安装时所需的配件清单并与厂家技术人员澄清，明确哪些必要配件是安装在水泵上或是包含在单价内，哪些是需要额外采购的。对于通用的配件，工程师可根据不同型号水泵所占比例，增加几套备用。材料到场后，尽早验收，及时发现问题，与供应商协商解决。

（4）未来改进措施

合同签订前，应将型号已确定的水泵配件与厂家澄清并做好搭配；

除合同包含的订单外，之后追加的水泵确定选型后，为避免出现配件不匹配的情况，即使配件价格已包含在水泵单价内，也应在订单中将其列出，以更好地监督供应商发运。

4）洁具选型案例

清真寺报审的洁具类技术卡片，大部分均已获得监理批复，但其均有保留意见，要求承包方提供样品并获得业主批复，因此在洁具下单采购前，为了保证材料的顺利进场，我方对洁具类的技术卡片进行了统一梳理，并报审样品卡。

在报审样品卡的过程中，业主与建筑师根据洁具所在区域的不同，要求选用不同样式的洁具。首先确定了洁具的品牌，并根据不同区域的功能，来选择洁具的档次与款式，这期间消耗了大量时间，为材料的按时到场增加了阻碍。

从洁具第一次报审样品，至所有新选型的技术卡片及样品卡批复，共耗时6个月，而距要求的洁具到场时间只剩5个月的时间，随后在2个月内签订了合同并开始材料的生产，并根据现场的优先级要求分批发运，保证了所有材料的按时进场。

5）管材采购案例

（1）概况

清真寺水暖专业管道材料种类繁多，其分类可以按照管材所使用的系统、材质划分。按照系统可以划分为：空调系统管材、喷淋系统管材、消防水系统管材、给排水系统管材、燃气系统管材、太阳能系统管材。按照材质可以划分为：焊接钢管、无缝钢管，铸铁管、不锈钢管、铜管、塑料管，塑料管又分为 PP 管、铝塑复合管、PVC管、PE 管等。

（2）物资计划阶段注意事项

在提取物资计划时，要保证货描、产品编码、管径一致，以避免买错材料的情况。供应商在报价时，一般只会按照产品编码报价，很少有供应商会检查询价时的货描和管径是否和产品编码对应。例如在一批铸铁管采购中，物资计划中的铸铁88°三通和铸铁 90° 弯头的产品编码都写成了 155304，但实际上 155304 对应的产品应该为铸铁 90° 弯头，而铸铁 88° 三通应该对应另外的产品编码。供应商在报价时，只会以产品编码为准，在这种情况下往往会买错材料。

（3）询价回价阶段注意事项

在询价时要注意询价单的管道单位和物资计划上的一致，因为有时物资计划会以根为单位，有时以米为单位。而且不同管道每根的长度可能也会有所不同，如钢管一般为 6m/ 根而铸铁管为 3m/ 根。

供应商返回报价后，除了分析合同条件外，还要注意供应商形式发票里的产品信息，诸如管径、货描、管道压力等是否和询价单一致。因为即使在有订单或合同的情况下，有的供应商也只会按照其形式发票备货。例如在采购一批不锈钢法兰时，我方发送的询价单上要求法兰的压力至少为 16bars，但供应商返回报价的形式发票上，一小部分的法兰压力只有 10bars，并且供应商并未指出其报价的产品跟我方要求的有差异。在后续双方签订的合同中，产品的压力仍然为 16bars，但是到场后才发现一部分法兰压力不满足要求。供应商的解释为，他们的货物是按照报价时的形式发票准备的。为了避免后续由于产品不符合现场要求，而导致的工期延误、成本增加等问题，在检查供应商返回报价时，应该仔细核对报价产品是否和询价产品有差别。

（4）订单阶段注意事项

在组货商购买管材的情况下，当有技术卡片时，除了规定产品编码以外，最好在订单里规定品牌，特别是由于管材种类繁多，有时需要从组货商处购买时，明确产品品牌尤为重要。当没有技术卡片时，要明确必要的管材技术信息，如管材材质、壁厚、管径、承压值等。

2017 年 4 月，大清真寺项目机电部采购了一批用于喷淋系统的管件。材料到场后，在检查货物品牌时，发现产品的包装盒上的品牌和技术卡片品牌一致。但是在现场安装时，监理发现这一批管件有好几个不同的品牌。后来在库房重新检查后才发现原来包装箱内的管件有不同的品牌。对于此次事件，监理下发了不合格记录。由于到场时没有及时发现品牌不一致，采购方无法提供给供应商不一致品牌的管件种类和数量，无法要求供应商重新发货。而且现场已经完成一部分安装，拆卸管件会增加人工成本并且会严重影响现场安装进度。为了消除该不合格记录，经沟通，监理同意上报不一致的品牌的技术卡片。

由于此次是直接跟组货商签订采购，而非生产商，虽然规定了产品编码，但是由于未规定产品品牌，加之后续货物到场后对品牌验收的不到位，直接导致了后期需要花费大量的时间和精力去消除该不合格记录。

（5）单据案例

当需要采用双开信用证模式采购管材时，在询价初期就需要跟供应商沟通清楚单据的特殊要求，以确保供应商能够按时准备符合清关要求的单据。在大清真寺项目中采购一批不锈钢管材，由于特殊情况，需要采取双开信用证的方式进口货物，在询价时，我方就反复与供应商沟通确认了该模式下的单据制作要点。但是在发运时，供应商单据不能满足我方单据要求，由于供应商不配合，加之修改单据原件有一定困难，致使该批货物在到港后两个多月才完成清关，严重影响了现场工期并产生了一百多万第纳尔的滞期费用，经多次与供应商艰难谈判沟通，最终这笔费用由供应商承担。

（6）验收阶段案例

由于管材种类和数量繁多，在货物到场后，要按时做好管材的验收工作。对管材的验收包含对到场材料数量、质量、品牌的检查和验收。货物进场后，需要尽快完成对货物验收，以便及时发现和解决问题，避免不必要的经济损失。如果出现任何不相符的情况需要及时和供应商沟通解决。

2017 年 11 月，大清真寺项目机电部采购了一批铁皮，发票中的计量单位是 kg，而且箱单中的净重和毛重相等。但材料到场后，发现标签上的净重和毛重不一致，由于发票上的重量和到场的实际重量的差异，导致采购方多支付了 4000 多欧元。在与供应商沟通后，供应商同意在后续发运的发票中扣除该笔金额。由于验收时及时发现了问题，避免了不必要的经济损失。

6）清真寺风机盘管及CTA采购概况

大清真寺项目通过西班牙公司 Simalga 在 CIAT 集团采购空气处理机组（CTA）及风机盘管，其中 CTA 为合同模式（CIAT 与 Simalga，Simalga 与 CSCEC），风机盘管为订单模式。大清真寺项目共计采购了 100 余台 CTA 及近 1800 台风机盘管，在采购过程中主要有以下注意事项：

由于 CTA 及风机盘管是设备，涉及后期安装、调试指导等，签订合同阶段需要明确供应商对设备的安装调试指导的合同义务，比如安装调试内容、时间、次数，是否有额外费用等。大清真寺项目在 CIAT 采购的风机盘管及 CTA 的安装调制指导由其当地代理 SAPRIC 负责，但是由于设备不是通过其代理采购，在设备安装调试，现场需要指导时，SAPRIC 配合反应比较迟钝，配合消极且其技术人员水平有限，部分问题并不能得到解决。因此，在以后的设备采购中，涉及安装调试指导由供应商代理负责的情况，需要慎重考虑。

在 CTA 第一批发运中，由于设备在装箱时未做好保护措施，在运输过程中，大量设备有不同程度的损坏。项目花了大量时间及精力联系供应商修复设备及消除监理对损坏的设备的保留意见。为了避免类似的经济损失，在装箱时，需要在集装箱内固定好设备，做好足够的保护措施；由于部分 CTA 体积庞大，到场后发现设备尺寸大于现场门的尺寸，从而导致设备无法被运输进现场，只能对设备进行拆分再运输，但是拆分设备有一定难度，并且监理要求供应商到现场检查拆分后再组装的设备有无问题。为了避免该问题的出现，需要提前采购比较大的 CTA，并在封墙体前让设备在现场就位；有部分 CTA 在现场运输过程中损坏，因此在运输设备时，需要对设备做好保护措施。

7.5 本章小结

采购管理对于国际工程项目来说尤为重要，专业的采购管理可以有利于规避风险，降低成本[41]。本章从物资采购、采购策划、供应商管理和大清真寺项目具体采购案例角度全面地阐述了国际 EPC 工程采购管理的全过程。在项目进行的过程中，我们都需要跟进现场情况、专业情况、施工单位及设备供应商情况，并进行细致认真的专业性分析，得出最合适的施工方案。因此，熟悉采购流程的国际法律法规和各个细节是不可或缺的。做好采购成本管控，使得预算在自控制范围内，就能避免采购的成本上升而导致整个项目的利润下降；做好采购成本数据管理，准备前置工作和管理依据，使得财务工作高效推进。

第8章
大清真寺项目物流管理

随着经济全球一体化，国际贸易业务日趋频繁，国际工程项目越来越多。而物流作为业务往来的重要承载桥梁，发挥着不可替代的作用。特别是国际工程项目的物流是其中的关键组成部分。大清真寺项目中物流管理由于涉及利益相关方较多，同时物流环节的流程相互影响较大，任一环节出问题都会导致下游环节相应出现问题，因此，海外工程的物流管理是一项综合的系统工程。根据该项目的物流管理实践及体会和物流信息总结了相应的物流管理策划工作，包括进口、出口及清关等，并对物流管理中最重要的清关流程进行阐述，供其他项目借鉴。该工作主要分为项目所在国进口、欧洲出口和中国出口这三地业务。

8.1　进口内容

根据货物在进口国停留的时间期限，进口类型大体上可以分为两种：临时进口和永久进口：

（1）临时进口是某些货物（包括运输工具），为特定目的进口并有条件免纳进口关税，暂免提交进口许可证的义务，在特定的期限内除因使用而产生正常的损耗外，临时进口的货物需按原状复运出境。通常情况下，这种进口方式适用于以外国公司名义进口机械设备的情况；本国公司则只能采用融资租赁的形式。

（2）永久进口指的是进口的货物可以永久保留在境内。适用于消耗型的、成为永久工程一部分的建筑材料。

根据不同的进口主体，永久进口又可划分为外国公司以项目名义进口和所在国本地公司名义进口：

（1）项目名义进口，主要指外国公司代替其承接项目的业主进行消耗性建材的采购和清关工作，其目的是完成业主的施工任务，故每批材料的进口均需业主提供材料确为项目需求的相关证明（简称业主证明），该证明材料是清关的必备文件之一。采用此种名义进口方式时，可选择信用证、托收或电汇作为支付方式，消耗项目外汇。

（2）所在国本地公司名义进口，指的是一家在项目所在国注册的公司按照其商业注册证上的经营范围，能够以其名义进口材料并进行售卖、租赁或自用。SPACSCEC ALGERIE 名义进口指的是以当地公司 SPACSCEC 作为最终收货人，以其名义进行进口清关。

项目所在国本地公司和外国公司两种不同进口名义各有利弊。表 8-1 为大清真寺项目使用两种不同进口名义的优缺点。

两种不同进口名义优缺点对比　　　　表8-1

进口主体	优点	缺点
项目所在国本地公司	1. 消耗当地币，转汇支付境外供应商 2. 适用于永久进口，包括轮式机械设备进口 3. 可开立增值税发票，入外账成本 4. 清关无需业主证明	1. 本地公司进口材料后转卖或租赁给项目，为最终收货人。项目最终在支付全额货款的基础上需缴纳给本地公司2%的营业税和一定的服务费。进口材料成本增加 2. 利润税较高，为26%；外国公司以项目名义进口，利润税为23% 3. 进口产品需在公司的经营范围内 4. 清关单据要经过本地银行背书，清关时长会增加2~3天
外国公司&项目	1. 在欧盟—阿尔及利亚联系国协定上的部分材料可享受减免关税 2. 可以利用再出口贸易（三方贸易），为项目平衡外币和当地币 3. 可灵活选择支付方式，允许自由转汇 4. 公司资质好，便于与欧洲供货商开展业务 5. 进出口费用低	1. 受项目所在国支付方式限制比较局限 2. 多支付2%的营业税和服务费 3. 对于部分机械设备，仅可以临时进口 4. 必须使用外汇支付 5. 进口时需要协调业主开具业主证明

在前期，大清真寺项目主要使用外国公司名义，即大清真寺项目名义进口。在进口报关前，项目向业主申请业主证明。待拿到业主证明后连同其他单据一起向阿国海关进口申报，缴纳关税和增值税。

随着项目的推进，工期的延长导致成本压力增加。业主给予大清真寺项目的外汇支付比例已不能涵盖劳务费、进口材料费、进口机械费、管理人员工资等间接费用，因此大清真寺项目在中后期时，主推本地公司名义中的 SPACSCEC ALGERIE 进口材料，消耗当地币收入，节省外汇收入。在进口报关前，发票和提单送到 SPACSCEC

ALGERIE 在当地开户银行进行背书。待背书完毕后，发票和提单连同其他单据一起向阿国海关进口申报。

8.2 出口流程

8.2.1 欧洲材料的出口流程

项目在欧洲采购时遇到的供应商经常是只负责材料的工厂交货而不负责材料在其所在国家的物流出口工作。面对这种情况，项目应积极应对，组织人力物力承担起材料在供应商所在国的物流出口工作。

在遇到只负责材料工厂交货的供应商时，项目应联系欧洲的数家货运代理，由这些代理依据项目提供的供应商和材料的情况出具物流解决方案。项目结合自身需求，对物流方案进行研究并确定最终方案，再由相应的货运代理负责实施，过程中项目予以配合。具体如下：

（1）收集信息

收集的信息包括：进口名义、发运和目的港名称；出口方信息；拟使用的箱型、箱量；材料包裹信息；供应商的装箱能力、提货区间；工厂提货号及联系人信息；货物的紧急程度及信用证信息等。

如果以上信息不准确，可能出现以下情况：进口名义、港口信息错误导致无法完成进口清关；出口方信息错误导致不能及时报关；箱型、箱量错误导致货损、亏箱和无法完成提货或货物无法发运；非整箱发运时，缺乏包裹数量、尺寸、是否可压信息；超高、超重货物等情况可能导致欧洲货运代理无法提供物流解决方案或货运代理工厂接货、装货困难或无法选择最合适的物流方案，有货损的风险；未告知供应商装箱能力导致集装箱窝工费、滞期费：如箱量较大，无法在免箱期内完成提货；又如供应商装箱慢，超过 2~3 小时免费装箱时间；未告知工厂联系人、工厂提货号信息导致延缓提货、订舱、发运；未注明货物紧急程度：货运代理按照普通情况处理，物流方案无法满足项目需求；信用证信息有误：因信用证到期无法按照订舱计划发运等。

（2）制定物流方案

物流方案一般综合考虑物流成本，陆运、海运时间，船公司及代理服务，进口清关等因素，并充分考虑项目的需求。

（3）确认货运代理

有些供应商需先得到项目的书面确认后，才会将货物交给项目的指定货运代理。

为避免延误提货，项目应及时向供应商反馈该批货物指定的货运代理信息。

（4）订舱

货运代理订舱前，项目会对预订舱信息进行风险分析，如有风险（如错过船期、产生滞期费），项目会评估供应商提供单据的能力，确认是否选择该方案。如果接受该风险，项目会密切配合货运代理完成制单及单据审核工作。如果最终仍然错过船期，项目承担相关的附加费用。

确认货运代理后，未如期订舱，可能有以下原因：未及时告知供应商该批货物指定的货运代理信息；未及时告知货运代理工厂提货号或工厂联系人信息；供应商内部沟通问题（例如商务人员未及时通知工厂负责人备货以及货运代理信息等）；项目未提前办理信用证延期和项目未按合同要求支付预付款导致供应商拒绝货运代理提货；项目未提前开立信用证；项目未提前确认货物进口名义及结汇方式；货运代理未提前办理危险品发运所需文件及货运代理未预定开顶柜等特殊集装箱等。

（5）提货

以下为部分国家货物免费装箱时间：

法国：20ST（20尺普柜）——2小时/个；40ST（40尺普柜）——3小时/个；德国或意大利：20ST（20尺普柜）/40ST（40尺普柜）——2小时/个。

未能顺利提货的原因也有很多，包括但不限于：供应商装货设备损坏；未按要求如期备好货；拖车公司未能及时换单；货运代理将船公司的订舱通知书发送至集装箱拖车公司后，拖车公司调度人员没能及时派人前往船公司驻码头的办公室换取集装箱交接单，以致无法按时提取空箱，耽误装货时间；在运输旺季时无法提到空箱；车辆故障；车祸或行车事故。

另外，船公司一般为班轮业务，集装箱免箱期一般为7~10天，超期后每天会有滞期费、仓储费。

（6）制单

项目需审核供应商提供的单据信息是否准确。如供应商的单据有问题，项目会及时联系供应商确认后才会出具出口报关的单据。

单据出问题导致错误报关的风险包括但不限于：被视为夹带或者恶意骗汇，影响供应商资质；影响货物出口发运，产生非必要费用；影响进口清关等。

（7）出口报关

项目授权货运代理代表项目在供应商所在国从事出口报关工作。代理完成报关手续后，出口国的海关可能随机对报关单据及集装箱进行抽样检查。若遇抽检，则需额外缴纳海关检查费用。

以上流程走完，一般需要11天，特殊情况需要4天。对于某些施工急需的材料，如果材料所在国班轮到项目所在国船期较长，项目应安排货运代理将材料以陆路运输的方式送到距项目所在国船期较短的国家或港口出口报关，以便材料尽快到达项目所在国，保障现场施工。

8.2.2　中国材料的出口流程

1）中国出口
国内采购的材料出口离不开海关和国家市场监督管理总局（原国家质量监督检验检疫总局）。

2）发运前沟通
项目国内出口团队与项目工程师就拟发运的物资进行交底，包括并不限于：进口名义（项目名义/SPA名义/HABICARE名义）；结汇方式（信用证、即期托收、承兑托收、无付款）；运输方式（空运、集装箱、散货船）是否为危险品。

3）委托
需要项目工程师填写《出口发运委托》并提供《发运物资清单》、装箱地址和联系人及箱型箱量的信息。

4）许可证办理
属配额许可证管理的物资由项目国内出口团队负责办理相关手续，并取得由商务部配额许可证事务局颁发的《出口许可证》。在办理过程中，供应商负责提供相关的信息。涉及大清真寺项目需要《出口许可证》的物资主要包括：工程车辆、润滑油和生活物资中的粮食等。《出口许可证》是报关必要文件，要在报关前一周开始办理。

5）商检通关单办理
属法定检验物资，按照出入境检验检疫局"产地检验"的原则，由物资供应商在货物的原产地以"中建股份"的名义办理出口商检手续，并提供《出境货物换证凭条、单》或《通关单》，项目国内出口团队负责提供相关单证。大清真寺项目国内采购需要办理商检的物资主要是木制品，包括各种木制家具和其他建筑用木制品。

6）危险品出口许可办理
属危险品的物资，由货物供应商负责提供由出入境检验检疫局签发的《出入境货物包装性能检验结果单》《出境危险货物运输包装使用鉴定结果单》正本各一份，英文版《材料安全数据表》（又称MSDS）、《危险货物说明书》各一份。危险品订舱需在发运前 20 天左右提供危包证和 MSDS，持这两个文件和货物清单向船公司订舱，待船公司起运港和目的港均批复后即可发运。

7）订舱

项目国内出口团队在收到《出口发运委托》后，先与项目负责阿国进口的同事沟通发货条件和限制条件，然后结合货物备妥时间和办妥许可证 / 商检 / 危包证明的时间（如果有）选择最合适的航次，并以书面《集装箱运输订舱委托书》或《国际空运货物委托书》的形式邮件向货运代理委托办理订舱手续（如遇春节等传统船公司舱位紧张时段，项目一般将订舱时间提前至装船前 20 天，空运则需提前至材料装机前 10 天）。

由于散货船和滚装船为非班轮运输，没有固定的启运港和启运时间，因此项目在具备发货条件前一个月需询船订舱，在选择散货船时项目还特别注意船龄，以防出现海事风险。

8）装箱

项目国内出口团队按项目工程师《出口发运委托》中的要求通知货运代理，同时制定装箱方案。装箱分为产装（拖车到工厂）和场装（在堆场）两种。

产装：由于工厂熟悉相应的产品结构及装箱要求，一般单一大件杂货和工厂具备装箱条件的，选择产装。

小件杂货和工厂不具备装箱条件的，一般选择场装。

9）制作出口报关文件

项目国内出口团队依照《装箱清单》的信息，制作报关发票、箱单和 ENS（入境摘要报关单）数据，并委托货运代理办理报关、重箱进港等工作。报关前，项目国内出口团队需发送《开票信息和报关要素表》给项目工程师，后者需按要求仔细认真填写该表，经确认后，项目国内出口团队会要求货运代理据此进行报关。

项目国内出口团队根据项目工程师反馈的《开票信息和报关要素表》编制中国出口报关用的商业发票和装箱单。

根据国际海事组织（IMO）《国际海上人命安全公约》（SOLAS 公约）关于出口集装箱重量查核（VGM）的相关要求，自 2016 年 7 月 1 日起，除非提单上的托运人向海运承运人且 / 或码头代表提供集装箱重量，否则集装箱不再允许装载。该要求明确表示：托运人需要负责提供集装箱重量；码头操作者有义务确保有核实重量的集装箱才能登船；VGM 申报误差可以在货重的 5% 或者是 1t，二者取小。目前 VGM 的抽查率是 5%，起运港、中转港、目的港均需抽查。

班轮运输有效时间视起运港、船公司、航线等不同因素，截止日期也不尽相同。

以下为班轮运输专业名词：

（1）截单：船公司截提单样本的时间点，还包括 ENS、VGM 等，超过这个时间有晚截单费或改单费；

（2）截港：码头截止进箱时间，超过这个时间可能重柜无法进港区；

（3）截关：一般指船公司内部截关时间，如果柜子进港并有二放信息的时间超过截关时间，重柜基本就无法上船，船公司直接锁单；

上海港的时间顺序一般是先截单（开船前 4 天），再截关（开船前 3 天），最后截港（开船前 2 天）。

天津港的时间顺序一般是先截单（开船前 4 天），再截港（开船前 4 天），最后截关（开船前 3 天）。

审核提单和预录单。根据报关的箱单发票核对预录入报关单和提单草稿，检查是否有误。

10）清关单据移交

不需通过国内银行交单的物资起运后，由项目国内出口团队负责在装船后 10 日内收齐相关清关单据并通过捎带或 DHL 快递的方式转交项目所在国负责进口的同事；

信用证和托收项下的物资起运后，由项目国内出口团队按照信用证相关要求准备议付单据，并在装船后 21 天内（托收无交单时间限制，统一要求海运 7 个工作日内、空运 3 个工作日内）向银行交单。

11）退税通知及移交

获得提单后，由项目国内出口团队根据中华人民共和国出口报关单内容编制《开票信息通知》并邮件通知项目工程师的内容要求包括但不限于：开票顺序，需按照附件品名的顺序（如某个品名需要开具多张发票，则此品名不得与其他品名出现在同一张发票上）；发票上的供货单位印章应为"发票专用章"，且应盖在发票右下角空白处，不得盖在数字上；退税率的货物单独开具；提供增值税专用发票原件的同时，需配套提供发票复印件一份（发票联和抵扣联均需复印），以及与增值税专用发票对应的采购合同/订单复印件一份；需于收到开票通知后的 60 日内提供上述文件；在发出开票通知邮件后 2 个月获得供应商增值税发票完成退税移交。

12）出口文件派送

出口文件派送分为以下几个模式：

信用证模式：按信用证电文中对单据的要求交单银行，提供《客户交单委托书》；

托收模式：全套提单＋原产地证一正一副＋三套发票和箱单＋一份一致性证明原件，并提供《客户交单委托书》给银行；

项目名义：两正两副提单＋原产地证一正一副＋电子版发票和箱单＋一份一致性证明原件，可由国际快递派送或委托他人捎带。

完成以上流程，约需 8 ~ 12 天。项目若遇到急需的材料位于国内北部或中部的情况，如果从毗邻港口到项目所在国港口船期较长，则可以从欧洲出口，项目国内出口团队会将材料运输到国内南部深圳港出口，以保障项目施工所需。

8.3　清关管理

8.3.1　清关管理内容

清关是一个经济学术语，是指进出口或转运货物出入一国关境时，依照各项法律法规和规定应当履行的手续。

清关只有在履行各项义务，办理海关申报、查验、征税、放行等手续后，货物才能放行，货主或申报人才能提货。同样，载运进出口货物的各种运输工具进出境或转运，也均需向海关申报，办理海关手续，得到海关的许可。货物在结关期间，不论是进口、出口或转运，都是处在海关监管之下，不准自由流通。清关流程如图 8-1 所示。

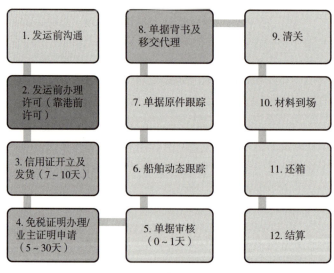

图8-1　清关管理流程图

8.3.2 清关管理详细步骤

（1）发运前沟通

各专业采购主办人在此阶段要确认供应商能够按照采购合同规定，按时、按质、按量准备好应交的货物，以便及时装运。如凭库存现货对外成交的商品，在签约后必须按照所规定的品质、规格、数量、包装、运输标志等条件进行检查核实；如属期货，特别要提醒供应商注意备货的时间，除了根据合同的规定期限交货外，还要与船期紧密衔接，防止交货拖期。

（2）发运前办理许可（靠港前许可）

各专业采购主办人在发运前将发运清单或形式发票提交给各专业属地化清关主办人，核实进口资质范畴、是否存在敏感物资和违禁品、是否需要办理相关许可，如电信产品、红外线监控产品等。

（3）信用证开立及发货（7~10天）

各专业采购主办人在发运前10~15天开始准备开立信用证资料并交由合约部信用证板块工作人员审核。如资料无误，合约部信用证板块工作人员将开立资料交由经理部财务资金部负责信用证业务的同事，由他们对接银行开立信用证。信用证开立完毕后，供应商可以发货。

（4）DCP免税证明办理/业主证明申请（5~30天）

以阿尔及利亚本地公司名义进口的情况为例，若货物原产地为欧盟或阿盟，且根据其HS编码享受协议国免关税优惠，则需办理DCP免税证明。DCP免税证明和其他清关单据一同递交清关代理进行报关，可享受免关税，但不能免除增值税。

发运前，采购主办人将形式发票发给贸易物流部负责项目清关业务的同事，检查形式发票是否满足DCP免税证明的办理要求。如发票符合要求，贸易物流部负责项目清关业务的同事将准备DCP免税证明申请资料并交给贸易物流部负责DCP免税证明业务的同事，由该同事对接阿尔及尔商业局直至拿到免税证明。

（5）业主证明申请

在拿到经采购主办人和贸易物流部负责项目清关业务的同事确认无误的签字盖章版的清关发票后，采购主办人可以准备业主证明申请资料并交给项目物流部负责业主证明业务的属地化员工，由其检查无误后在业主证明申请检查表上签字。采购主办人拿着业主证明申请信函和物流部负责业主证明业务的属地化员工签字的业主证明申请检查表到文档控制室盖章，然后通过文档控制室递交业主证明申请资料。

在递交全套业主证明申请资料给业主后，物流部负责业主证明业务的属地化员工负责跟踪业主证明申请处理进展，如监理或者业主有任何技术方面的疑问，采购主办人或专业组责任工程师需前往监理或者业主予以澄清或补充资料，直至拿到业主证明。

（6）单据审核（0~1天）

无论采用何种支付方式，单据的正确性及完整性都是进出口业务的核心。信用证支付方式下需特别注意单证相符问题，避免单据出现不符点。

无论以何种名义进口，建议采购主办人在出口方邮寄正式单据之前先索要并审核单据草稿，审核无误后再邮寄正式单据，以免在货物到港后因为单据导致清关延误，造成进口方的经济损失。

审核单据过程中，采购主办人需配合属地化清关主办人及清关代理提供法语品名解释及相关文件，以便在进口报关过程中准确归类产品，顺利报关。

（7）船舶动态跟踪

为及时跟踪清关单据原件，采购主办人可根据提单号或集装箱号在相应船公司网站上查询船舶动态，确认货物是否已经离港发运。一般在货物离港后的3~5个工作日可取得单据原件。

（8）单据原件跟踪

海运方式下，中国发运的货物装船后20天内；欧洲发运的货物由于船期较短，装船后1周内，出口方需根据信用证内容要求将单据寄至采购主办人。空运情况下对单据邮寄时间要求更高，出口方需在货物发出1~3天后将单据寄至进口方。项目名义进口，在海运方式下，出口方需在开船后1周内将单据寄至采购主办人。

（9）单据背书及移交代理

以阿尔及利亚本地公司名义进口的物资和设备，在信用证支付方式下，贸易物流部属地化清关主办人收到全套完整合格的单据后，同其他资料一起递交银行，办理赎单和背书手续。在托收支付方式下，贸易物流部属地化清关主办人提供托收行寄单号给财务资金部负责对接银行的同事，由其查询到单情况并及时赎单背书。值得注意的是，项目名义进口的物资和设备无需背书。

阿尔及利亚海关规定货主不可直接办理清关业务，必须委托本地有资质的清关代理公司办理清关业务。

以阿尔及利亚本地公司名义进口的物资和设备的单据在背书完毕后，财务资金部负责对接银行的同事把背书好的单据交给贸易物流部负责项目进口清关业务的同事，由其直接交给代理清关。

以项目名义进口的物资和设备，项目物流部属地化清关人员收到全套单据后，直接交给贸易物流部负责项目进口清关业务的相关人员，由其直接交给清关代理。

（10）清关

无论以阿尔及利亚本地公司名义进口的物资和设备，还是项目名义进口的物资和设备的清关跟踪工作，都是由贸易物流部负责项目进口清关业务的同事跟踪代理清关进展。

项目物流部属地化清关人员负责协调与配合贸易物流部的工作。

（11）材料到场

材料到场前一天晚上，物流部属地化清关人员公布第二天拟到场批次、材料所属专业及集装箱号。在第二天 9 点前，采购主办人在集装箱管理群建议拟到场集装箱卸箱地点，物流部依据库区存放饱和程度决定最终卸箱地点。集装箱到场时，集装箱管理员卸集装箱到指定地点。

（12）还箱

在还箱时，需在集装箱免箱期内及时将箱子还至堆场，以免产生滞期费。

（13）结算

清关结束后，清关代理应在 7 天内提供完整无误的代理费发票，若超过此时间，根据公司与清关代理签订的合同，我司有权利不进行支付。收到清关代理费及相关票据，我司需对不合理费用如海关罚金、窝工费、滞期费等进行关注，确认无误后，于 7 天内进行支付。

若涉及 SPA/HABICARE 公司名义进口，贸易物流部负责项目以 SPA/HABICARE 公司名义进口清关业务的同事在支付代理费后，需按照财务资金部要求整理该进口批次下涉及的进口费用，并为项目出具结算书。该结算书反映一批货物的物流成本数据。

8.4 本章小结

本章以物流管理的流程为思路分别介绍了进口内容、出口流程和清关。工程货运在通常情况下涉及物资品种复杂、装修材料名目繁多，因此，供应链物流的管理就成了决定海外工程成败的关键，在国际工程大清真寺项目中也是如此。其中清关这一环节在物流管理中尤为重要。本章介绍了大清真寺项目详细的清关流程，希望对将来的国际工程物流管理提供借鉴。

第9章
大清真寺项目施工技术管理

　　施工管理是工程建设项目的重点实施环节，涉及土建、装饰等专业，是建筑实现进度、质量、成本三大目标的重要保障。在该项目中，由于大清真寺项目较为复杂、涉及的参与方比较多，施工要求较高，加上海外工程所面临的文化及风俗习惯的差异，施工管理的难度大大增加。本章立足于阿尔及利亚大清真寺的实际情况，介绍了国际工程施工技术管理特点、差异和项目的具体案例，以供其他海外工程施工管理借鉴。

9.1　大清真寺项目中的施工技术管理概况

9.1.1　施工技术管理特点

1）设计

　　国际工程的 EPC、DB 项目要覆盖项目的全部设计工作。在大清真寺项目，尽管由业主负责提供设计图，但因其所提供的方案性设计并不能指导现场施工，还需要承包商进行深化设计，以满足施工需要。

2）管理程序

　　阿尔及利亚大清真寺项目由于是欧洲监理，因此管理程序需要遵照欧洲惯例和项目监理工程师的要求。此外还要将我国的技术管理模式和程序等职能运用于项目的内部管理。

3）技术标准

　　国际工程一般都会在合同附件中对工程项目所遵循的技术规范、标准做出规定，并提出一些具体的技术要求，包含通用技术条款 CCTG 和特殊技术条款 CCTP。阿尔及利亚大清真寺项目使用的技术标准复杂多样，包含欧标、德标、法标、阿尔及利亚标准等，部分宗教做法甚至无标准参考，需要参照传统做法。

4）材料报验及分包商资格报审

　　工程使用的材料和设备在 CCTP 和 CCTG 中有明确的规定和要求，对技术参数和性能规定十分清晰，材料报验和验收过程执行非常严格，承包商不能随意更换主要材料的品种和监理认定的供应商。

5）对业主方人员的技术培训

工程竣工交付前还需要按照合同约定负责对业主方人员进行技术培训服务，以保证业主方能正确、安全地使用工程，有效发挥工程各种使用功能[42]。

9.1.2　国内外施工技术管理理念差异

国内工程施工技术管理主要运用于施工企业的内部管理，同时对工程建设的施工现场给予技术支持，通过严格而明确的规章制度的指导和约束来保证工程施工按照既定的计划顺利实施。

国际和国内技术管理的理念差异主要体现在三个方面：

（1）图纸的再次深化设计和分包图纸设计；

（2）施工现场所运用的施工技术方案的组织；

（3）对施工过程的检查和问题处理。

9.1.3　施工技术管理工作内容

作为一个特大型项目职能部门，部门技术管理工作内容需要贯穿整个项目全过程和所有专业。但与国内技术管理内容有一定差异，主要包括以下几点：

1）施工方案管理

施工方案管理主要是对项目施工过程中难度大、复杂程度高的施工程序进行方案编制、审核管理、资料存档、现场复核。

国际工程的施工方案编制和审批流程与国内较类似，较大的区别就是施工方案需要翻译成项目所在地通用语言报送业主和监理。

但施工方案的实施过程管理与国内会存在较大的差别，尤其是一些重大施工方案，技术人员不仅要编制施工方案，还需要对方案中所需材料的采购、厂家现场指导人员签证办理情况进行跟踪，做到对整个方案的完全把控[43]。

以大清真寺项目外装升降平台为例，由于大清真寺项目祈祷大厅以及庭院、广场的外墙石材面积大、工期紧，项目技术部充分对比普通钢管脚手架以及升降平台的工效、造价后，决定对祈祷大厅采用升降平台施工外墙。方案确定后，项目技术团队从国内寻找相关资源，并与厂家进行沟通，完善方案。配合项目采购部门完成设备的进口工作并持续跟踪设备到场情况，同时需要配合证件部门办理厂家技术指导人员的入境商务签，确保设备到场验收后，可以立即开始方案实施。

2）技术澄清

（1）图纸问题澄清

针对图纸设计说明不明确、局部节点不明确等图纸相关问题，可通过向业主和监理提交澄清说明对图纸问题不明确的部位进行详细说明，避免图纸的反复报审。

在编制图纸问题澄清说明时，针对业主和监理提出的问题，逐条说明，并且配上相应的支撑依据（如计算书和技术卡片规范等）。

（2）现场技术问题处理

为解决现场发生的各类技术及施工问题，项目与业主及监理沟通建立了现场技术问题澄清制度[44]。

技术澄清流程：

①由现场监理对现场发生的技术及施工问题向责任工长提出疑问；

②由责任工长向分管区域技术人员反馈监理提出问题；

③由分管区域技术人员将问题归纳整理后与技术部、设计部以及区域项目部讨论解决方案；

④将讨论的解决方案编写成正式文件，经项目会签后正式上报，并跟踪批复情况；

⑤根据监理批复意见，现场进行施工并通知监理验收。

对于技术问题澄清，大清真寺项目采用网络平台申报模式。技术问题澄清与监理沟通后可将签字盖章的扫描文件通过 SGTI4 网络平台报送给责任监理审批。监理审批完成后同样会通过网络平台将审批意见和结果反馈给责任工程师。网络平台的使用优化了报审流程，节省了时间。

简化处理问题的流程，是国际工程中尤为重要的一个环节。尤其是面对欧洲的监理单位和分供商，一定要提前约定处理问题的流程，否则在处理问题时会比较棘手，诸如审批流程复杂，审批时间过长，问题得不到解决等，还会影响工期。

3）配合现场编制施工计划

一般大型国际工程项目都会配置计划管理部门，而施工技术部门需要配合现场编制的施工计划主要是针对重大施工节点方面的计划。技术部门需要根据施工计划，编排重要施工工序的技术措施方案或者施工技术方案，避免因为方案的滞后而导致现场施工工期的延误。

4）试验管理

项目在入场初期，与外部试验室签订项目试验合同，负责项目的混凝土、土方等常规试验。为方便项目施工，混凝土试验要求在项目试验室进行，试验室派试验员长期驻场。

根据项目技术条款要求，对需要做试验的部分，项目技术部准备试验订单，然后与试验室联系具体试验时间，技术工程师组织试验室和监理到场进行试验，现场记录试验结果，试验室根据试验结果，正式出具试验报告，技术工程师将试验报告整理后以信函的形式报送业主，技术部根据合同订单进行付款。

对于特殊要求的试验，例如抗震试验等，项目在全球范围内寻找具备资质的试验室，并将试验室资质报业主监理审批，经业主同意后，项目与试验室取得联系，并将试验要求提交至试验室，在试验室准备妥当后，项目组织业主、监理、CTC 等各方现场观看试验情况，并根据试验结果，报业主和监理确定是否满足其要求，如不满足，项目将会改进设计方案，继续试验，直至设计符合业主和监理的要求。

5）科技成果管理

阿尔及利亚的建筑市场尚无科技成果管理内容。因此项目科技管理主要遵循国内做法和中国建筑要求进行。

科技成果管理主要包含 6 部分内容：

（1）课题

根据工程特点和技术创新点，申报中国建筑科研课题，申请专项经费对课题进行研究，过程中及时总结和申报相关资料。最终完成课题验收。

（2）科技成果总结

在实施过程中，根据中国建筑科研课题计划，总结各项科技成果，形成实质的文本资料和影像资料。据统计，在整个项目实施过程中，共形成国际领先和国际先进成果 5 项。形成的成果申报国内相关科技奖项，获得省部级科技奖项 3 项。

（3）工法

对于施工过程中的创新型做法，形成工法作为公司知识积累。阿尔及利亚大清真寺项目在实施过程中，共形成工法 10 余项，其中省部级工法 6 项。

（4）专利

由于本地缺少专利申报通道，因此关键创新型技术通过国内代理申报中国专利，其中共获得授权发明专利 2 项，受理发明专利 3 项，授权实用新型专利 8 项。

（5）论文

项目团队在实施过程中，对于好的设计方案、计算选型、施工经验和管理经验会及时以论文的形式进行总结，部分在国内期刊发表，部分在公司内部文献刊录。

（6）新材料新工艺的探索与应用

结合国际工程特点和监理对工程材料和设备的严苛要求，项目在各专业平台、采购平台的支持下积极探索世界范围内新工艺、新材料和新设备在工程中的应用，一方面保证了工程的顺利实施，另一方面积累了大量先进经验，为今后的工程提供借鉴依据。

6）国际工程施工技术与设计技术的结合

国际工程的设计技术管理主要包括两个方面：

第一，对设计方提供的设计和设计变更进行管理，主要通过各专业图纸（变更）会审制度来领会设计意图，明确技术要求，发现设计文件中的差错和问题，提出修改和洽商意见，避免技术事故和产生经济与质量问题；

第二，工程总承包承担深化设计及设计协调责任，需对施工图设计及设计协调的实施进行相应的组织和管理控制，最终提供经各专业充分协调、现场完全能直接施工的施工图。

（1）设计技术的前瞻性指导施工技术

设计技术的作用还在于对施工技术进行指导，不仅需要设计符合合同、技术条款和规范的要求，同时还要考虑施工的可行性，需要在设计阶段就开始考虑施工工艺和施工措施如何解决[45]。

（2）施工技术的眼光反推设计技术

施工技术则在设计初步完成之后，根据设计图纸以及设计说明，考虑施工工艺和措施问题，结合图纸，深化施工方案，对于图纸中不合理或者影响施工的部位，需要反馈到设计，并与设计共同协商解决。

以大清真寺宣礼塔外装石材为例：宣礼塔总高 265m，四个角为混凝土筒全封闭结构，结构施工时采用爬模进行施工。外墙采用石材幕墙＋玻璃幕墙的形式，在深化设计前期，外装设计团队与项目施工技术部门就全封闭结构的石材施工措施进行探讨，从可行性、安全、经济等多个方面充分考虑后，决定将结构施工的爬模进行改造，由正置式爬模改为倒挂式爬模，并利用结构施工时预埋的爬模预埋件进行爬升，从而节省工期和措施费。技术部门通过对图纸的研究，以及与爬模厂家的沟通后，将部分外墙预埋节点位置做了相应的调整，以满足施工的安全与合理性，确保了宣礼塔外装石材按期、安全地完成施工。

9.2 大清真寺项目的施工技术特点

9.2.1 对象的复杂性

国际工程的一个十分显著的特点就是工程施工的各参建方来自多个不同的国家，彼此之间的风俗习惯、思维方式、施工经验以及工人本身的素质不同，难免会产生分歧和差异[46-49]。单靠图纸设计方案、技术交底和规范传递无法取得良好的效果，这就要求必须加强对现场的监管监督指导作用，通过现场技术管理指导，充分了解各类工程做法、技术要求和作业程序，强化技术复核工作来确保施工操作的正确性，避免出现返工和差错。

9.2.2 受地域资源影响，重大技术方案管理难度大

1）方案选择困难

国际、国内设备组织管理存在较大的差异，主要是国际工程设备组织管理复杂、难度大。主要表现在：国内设备组织管理主要包含计划和组织两个环节，而国际工程除了这两个环节之外，还有一个长长的供应链，包括集港、报关、装船、海运和清关等管理环节，组织管理工作量大。国际工程中的关联单位也大大增多，有出口海关、外贸公司、货运公司以及商检机构等。国际工程的供货周期也比国内工程的周期长，通常到货时间为 2～3 个月，若遇船期紧张、船舶滞港、通关困难等特殊原因，到货周期也会大大延长，甚至失去控制。最后一点就是施工技术方案确定时间晚，国际工程多为边设计边施工，施工技术方案不能及早确定，从而所需的设备也无法尽早确定。

以大清真寺项目宣礼塔 ST8075 型塔式起重机拆除为例，由于塔式起重机安装在筏板上，穿越 S20 层及 S10 层顶板，塔式起重机中心距离北侧道路 51m，周边范围内均为地下室结构，该塔式起重机最重构件为回转总成，重约 29t，由于地下室结构，起重设备无法在上方行驶，因此只能选择在北侧道路上对该塔式起重机进行拆除。综合考虑吊装的距离以及起吊重量，经对比分析核算各种起重机械的工况，400t 履带吊塔式工况可以满足拆除要求。经过多方咨询，当地市场上少数的几台 400t 履带吊都无法在工期要求内到达现场进行拆除工作，为满足工期要求，最终选择了一台能满足工期要求的 650t 履带吊进场拆除。

这个案例充分体现了当地资源匮乏对施工方案选择所造成的困难和大量成本浪费，也提醒了在以后的国际工程的技术工作中要充分了解当地资源信息，结合工期节点计划，提前做好应急预案。

2）方案审核报批复杂

国际工程中，承包商与业主、监理来自不同的国家，存在着较大的文化差异和施工标准差异。对于一些危险性较大的施工方案，在与业主和监理的沟通过程中会存在较大争议[50]。

存在争议的原因，主要有以下几个方面：

（1）承包商与业主、监理方在设计施工措施方案时，承包商一般会采用国内的措施施工规范进行设计，而业主和监理一般采用国际相关规范，从而导致存在一定的差异，产生不必要的争议；

（2）部分业主和监理并不具备相应的审批能力，对于承包商报送的施工方案和计算书，无法深入理解和验算。但其对承包商提供的计算书又不信任，导致方案迟迟不能得到批复，转手多人都无法解决。

（3）承包商与监理和业主的沟通不及时。通常承包商将施工方案提交业主之后，并没有做好方案审批监控，没有实时把握施工方案的最新审批进度。最终就造成业主、监理对方案审批延迟。

以大清真寺项目祈祷大厅屋面塔式起重机为例，祈祷大厅长 150m，宽 150m。穹顶面距离地面 72m，且建筑最外圈外墙横向距离只有 22m。普通的垂直运输措施中在周边设置塔式起重机的方法由于覆盖半径及自由高度不满足要求，不适用于现场施工。若采用大型履带吊解决屋面施工垂直运输，成本高，效率低。项目技术团队计划在祈祷大厅穹顶钢结构临时支撑胎架上增加一台穿屋面的小型塔式起重机，与周边的大型塔式起重机配合，达到满足垂直运输的目的。

由于胎架的原设计未考虑胎架上加设塔式起重机的荷载，经过与胎架的设计师沟通，复核过后胎架可以满足加设塔式起重机的要求。但是在与监理沟通过程中，监理方提出了较大的疑义。胎架设计师往返阿尔及利亚多次，与监理多次沟通，当面解释每一步的计算过程，仍未能打消监理的疑虑。最终，通过与监理重新构建胎架模型，进行受力分析，增加了多重保护措施，并对胎架进行加固和检测，同时向监理方承诺一切责任由总承包方承担，监理才默认方案实施。

通过这个案例，可以总结出，项目所在地技术资源和专业人才资源的匮乏对方案的编制、报审和实施都会造成较大的阻碍。

3）重大方案实施成本高

国际工程中，技术方案的成本也会受到当地资源情况的影响。主要包括以下几个方面：

（1）劳动力成本高。由于承包商采用的重大施工方案多为国内常用方案，当地劳动力缺乏相关的施工经验和操作能力（如焊接施工），为确保方案实施的安全可靠，承包商多会选择国内有相关经验的劳动力进行施工。在一些不发达地区，使用中国劳动力的成本会比当地劳动力高很多。

（2）材料成本高。多数中国公司承接的国际工程位于欠发达地区，其生产能力不足，且难以达到相应的使用标准和要求，多数重要材料均需要从境外进口，增加了材料的运输成本和进出口关税成本。

（3）工期成本高。材料进口周期长，清关时间久，同时还受当地政策影响，会存在部分材料长期无法清关，会造成施工材料无法及时到场，造成工期延误。

以大清真寺项目祈祷大厅悬吊平台为例，大厅中央部分为 100m×100m×44m 大空间结构，除四周墙面外，底下 34m 无需装饰，需要装饰部分均为异形 3D 装饰面，做法十分复杂，若按照传统方法采用举人车或搭设脚手架，成本高、工期长。项目前后对比分析了 5 种方案，结合工期和安全性要求，最终选择了悬吊施工平台方案。即在屋面钢结构上设置吊点，悬挂一个 8800m² 钢平台到 34m 高空，在钢平台上搭设脚手架进行装饰施工。钢平台参考钢结构整体提升的方法，在地面拼装，用液压穿心千斤顶拉到 34m 固定。装修完成后用相反的方法下降到地面拆除。即使是成本最优的方案，造价也非常高，主要是方案中所采用的大型型材、钢绞线、锚索等一系列材料，当地市场都无法提供，需要从国内市场采购，海运至项目所在地，部分零配件甚至需要空运，这其中高昂的运费以及工期的拖延，无形地增加了项目成本。

9.2.3 施工技术管理国际化要求高

作为国际化工程，施工技术的管理工作也面临国际化的高要求：

首先，对施工技术管理人员的综合素质提出更高要求，不仅要懂技术，会管理，同时要具备良好的外语沟通能力，方便与监理、业主以及国外分包商的沟通[51]。

其次，对于施工技术管理的规范化要求更高。由于管理内容多，人员流动大，需要对施工技术管理的各项动作规范化，如施工方案管理、技术澄清管理、试验管理、工程资料管理等，均需要结合业主、监理的需求和公司管理规定进行规范化和流程化管理。

9.3 本章小结

国际工程施工技术管理是承包商实现工程建设目标，确保项目履约的重要保障。在国际工程中，需要建设一批具备国际工程施工技术管理能力的团队，对外能对接业主、监理，对内能协调各部门为项目提供最优解决方案。施工技术管理需要结合设计技术和现场施工需求，起到承上启下的作用。

第10章
大清真寺项目机电施工管理

　　机电工程包括电气工程技术、自动控制与仪表、给水排水、机械设备安装、容器的安装、供热通风与空调工程、建筑智能化工程、消防工程、设备及管道防腐蚀与绝热技术等[52]。其施工过程涉及给水排水、建筑环境与设备工程等多个专业，对机电工程施工专业性要求较高，施工的质量对能否满足项目的功能要求起着决定性的作用[53]。并且机电工程施工要与结构施工、砌体施工和装饰施工等各个阶段平行作业，这就要求管理者在机电施工管理方面做好协调管理的工作，保证机电工程的顺利实施[54]。大清真寺项目的机电工程设计较为复杂，且采用国际标准，加上地区和文化的差异，增加了企业进行机电工程施工管理的难度。本章通过剖析大清真寺项目的重点难点，从机电工程施工招标管理和机电工程施工协调管理两个方面阐述大清真寺项目的机电工程施工管理的实施过程，为海外总承包项目机电工程施工管理提供参考。

10.1　机电工程施工管理概况

10.1.1　海外大型项目机电设计与施工特点

1）机电工程通常为EPC模式
包含设计、材料采购、施工、调试、维修保养等，贯穿项目施工生产的全过程[55]。
2）机电系统种类多、设备功能先进复杂、涉及的专业领域广
大型项目机电工程一般由给水排水、暖通空调、强电、弱电、VRD（一般包括室外景观照明、喷灌与喷泉等）等五大部分组成，每个部分又分为多个子系统。阿尔及利亚大清真寺项目共有28个机电子系统，基本涵盖了公建项目所有的常规机电系统及大部分特殊系统。
3）设计与施工符合国际标准和规范
在国际工程中，普遍需要采用国际标准和规范，比如大清真寺项目的设计与施工全部需要满足欧洲标准及阿尔及利亚当地规范[56]。

4）技术含量高，自动化程度高

如阿尔及利亚新机场项目的行李服务系统、安检系统，大清真寺项目的祈祷大厅采用当今最先进的 DALI（数字可寻址接口系统）照明调光控制系统，高品质音响效果是通过 DDS 算法以及模拟来实现的。

5）机电施工难度大，协调量大

主要表现在材料多样、施工工艺复杂、作业配合面广、持续时间长、参与安装的施工队伍多、技术水平参差不齐。

10.1.2　机电工程重点难点

1）大型项目设计及施工任务重

比如大清真寺项目是一个 40 万 m² 的综合体，机电图纸及计算书多达 14700 张，其中计算书 260 份，而且机房众多，除了大型能源中心外，水暖机房就多达 185 个，强电大机房 14 个，弱电机房 298 个。涉及空气处理机组（CTA/UTA）114 台，水泵 901 台，板式换热器 108 台，风机 901 台，弱电控制点位近 4 万点。

2）设计与施工协调量大

除了总承包方各部门之间巨大的协调量外，来自全球的设备材料供应商、专业分包、设计分包众多，如大清真寺项目机电专业分包 13 家，设计类分包 8 家。

3）设计文件审批难度巨大

在施工图深化设计的图纸报审中，国外的监理，特别是欧美监理要求逐一报送计算书、系统图、平面图、安装详图，只有完成前面的步骤，才能进行下一步的报审，人为地拉长设计周期，同时，设计审批流程长，合同一般约定承包商提交设计文件 14 天内，监理完成审批任务，但通常都远多于 14 天。比如，大清真寺项目部分设计文件审批时间长达半年以上，而且报审过程中，监理要求严苛，反复提出修改意见，意见很难一次全部提出，造成图纸反复报审，少则 2 次，多则 10 多次。

4）材料采购难度大

材料种类多，数量大，采购来源国多，材料进口名义众多。

5）原设计不完善，设计深度不足

由于机电工程施工的专业性，一般设计院设计只做到方案设计阶段（APD），即便进行到施工图阶段（EXE），图纸设计深度只能满足招标要求，需要总承包方进行大量的深化设计才能满足设备材料采购、现场施工的要求。如大清真寺项目，设计院提供的施工图（EXE）达不到合同规定的深度，设计文件中存在四千多项错误、矛盾、文件之间的不一致，其中消防设计缺陷累计超过 2350 项。

6）施工要求高

对消声、减振及抗震要求高，如清真寺的祈祷大厅施工要求不高于 30db 的噪声等级。

7）大型设备众多，设备运输及吊装困难

由于项目体量大，功能高及全，机电设备的体量也不可避免地增大，如大清真寺祈祷大厅中央吊灯重达 9t，能源中心 K 楼 12 座冷却塔每台重达 7.1t，吸收式制冷机每台 20t，热电联产每台 11.5t，需要对设备的运输路径、吊装、装配、检测进行严格合理的规划。

8）海外人员流动性大，能力与经验普遍不足

9）文化与宗教信仰差异

文化与宗教信仰差异导致日常沟通交流和组织协调难度升级，另外，非中国籍员工工作节奏较缓慢，工作效率难以保证。

10.2　机电工程招标管理

大型项目机电专业招标主要包括机电专业分包商招标和机电劳务招标两部分，项目开工时首先分析业主提供的所有商务和技术资料，了解机电各专业的具体要求及各系统的等级配置，梳理技术条款和图纸并进行图纸会审和专业划分，初步形成招标范围，确定哪些专业以专业分包的模式进行发包，编制招标文件启动专业分包商的询价工作。随着现场工作的开展，土建进入基础施工，同时机电专业开始进行预留预埋工作，若招标进度滞后导致机电劳务分包未及时进场，应先委托土建劳务单位或临时寻找预留预埋的机电单位配合土建施工。参照机电专业分包商的划分原则制定劳务分包招标范围，编制招标文件启动招标。

从招标工作启动至签订分包合同，是一个烦琐而又复杂的过程，需要确定招标范围、招标方式、招标管理要求和招标的总体流程，根据制定的措施按部就班地逐步完成。

10.2.1　机电专业分包商招标

1）进行双向分析，确定招标范围

根据业主提供的文件和图纸，机电部内部开会讨论分析初步划分哪些专业采用专业分包模式，分析业主的品牌及质量要求。同时需要了解市场分包资源，北非地区特

大型工程的机电分包商资源主要来自欧洲各国,根据多年的合作经验罗列具备履约能力的专业分包商。通过双向分析,综合考虑并制定各专业需要发包的范围和模式。

2)编制招标文件

首先需要编制招标文件,对拟定的专业分包商发送招标邀请和招标文件。主要内容包括招标说明、合同文本、招标范围、技术要求、报价单格式等,同时把整理好的主合同内容、设计说明、技术条款和图纸等资料作为附件一并发出。

3)询价环节

根据规定针对拟定的发包分项,至少寻找三家及以上分包商进行询价招标。招标文件发出后,开始进行询价和报价环节。

4)技术澄清、价格分析和谈判

根据技术要求和图纸信息对分包商报价从技术角度进行分析,同时对设备和材料进行价格摸底,审核分包商所报单价是否合理。确保满足技术要求后,从技术角度和商务价格两个方面开始谈判,从而把价格尽可能压至最低。

5)确定意向分包商,最终锁定价格

对各家分包商审核其财务状况和履约能力,满足要求后综合考虑报价内容,最终确定意向分包商,同时可通过其他家报价再次压低意向分包商价格,经过几轮谈判,最终确定总价,此时基本完成询价和报价工作,选定分包商。

6)合同条款谈判和签订合同

选定意向分包商后开始进行合同条款的谈判,主要从工作内容、工作范围、合同界面、付款条件、合同履约计划、团队组织架构、完工条件、保函和索赔条件等方面进行谈判。其中分包商比较重视其工作内容、合同界面、付款条件等,为了避免合同履约中的责任不清,合同条款应尽可能描述详细。合同条款达成一致后形成合同文本,进行合同会签,打印装订后要求分包商到场签订合同。

10.2.2　机电劳务分包招标

1)进行双向分析,确定招标范围

机电劳务招标和专业分包商招标流程大致相同,同样需要根据业主提供的文件和图纸,机电部内部开会讨论分析,初步确定给水排水、电力、暖通空调、安装工程等四个专业如何划分劳务分包商。同时需要了解市场劳务分包商资源,根据公司提供的劳务分包商合作经验梳理具备履约能力的分包单位。通过双向分析,综合考虑最终确定劳务发包的切块模式。

2）编制招标文件

编制招标文件，主要包括招标说明、合同文本、招标范围、技术要求、报价单格式等，同时把整理好的主合同内容、设计说明、技术条款和图纸等资料作为附件一并发出。

3）询价环节

根据规定针对拟定的发包内容，至少寻找三家及以上劳务分包进行招标。招标文件发出后，开始进行询价和报价环节。同时发包方开始统计工程量，编制工程量计算书，根据确定的机电安装定额编制预算书。

4）对分包商报价中的列项、工程量、价格分析和谈判

根据技术要求和图纸信息对分包商报价进行分析，根据内部已经完成的工程量和计算书核对劳务分包报价量单中的列项是否完整，完成量单列项确认和审核其工程量，最后根据我方编制的工程预算书分析劳务分包报价中的单价和总价是否合理。

5）确定意向分包商，最终锁定价格

对各家劳务分包商审核其履约能力，满足要求后综合考虑报价内容，最终确定意向分包商，同时通过其他家报价再次压低意向劳务分包商价格，经过几轮谈判和分析，确定报价合理后，此时基本完成询价和报价工作，选定劳务分包商。

6）合同条款谈判和签订合同

选定意向劳务分包商之后开始进行合同条款的谈判，主要从工作内容、合同界面、付款条件、合同履约计划、分包管理人员组织架构、劳动力计划、完工条件、保函和索赔条件等方面谈判。为了避免合同履约中的责任不清，合同条款尽可能地将内容描述清楚。合同条款达成一致后形成合同文本，进行合同会签，打印装订后要求分包商到场签订合同。

机电专业分包商和机电劳务分包商，其招标过程大致相似。要签订一个成功的合同，首先需要做好前期技术资料分析，划分明确的合同界面，并认真仔细对待分包报价和合同条款谈判。签订一份成功的分包合同，是后期合同履约中避免很多纠纷的重要保障。

10.3 机电工程施工协调管理

10.3.1 区域内机电安装与土建、内装、外装的施工配合

每个区域内部，机电安装与土建、内装有着大量的配合，由现场工程师负责各自

区域现场工作，直接负责与各个专业施工配合。

10.3.2　机电安装施工前的准备

在工程项目的施工图设计阶段，由机电安装专业的设计人员对土建结构设计、装修设计提出自己的技术要求，如：给水排水管道的孔洞预留、穿墙穿梁套管预埋、通风空调的设备构件预埋、电气设备和线路的固定件预埋等。这些技术要求必须在土建结构图、装修图中反映出来；土建、内装施工前，机电安装人员会同土建及装修施工技术人员共同审核土建、内装和机电的施工图，以防遗漏和发生差错。

机电安装工人要有一定的土建和装修知识，以便能看懂土建、内装施工图纸，了解土建施工进度计划和施工方法，尤其是梁、柱、地面、墙面、屋面的做法和相互间的连接方式，并仔细地校核自己准备采用的机电工程安装方法能否和这一项目的土建、内装施工相适应。施工前还必须加工制作和备齐土建施工阶段中的预埋件、预埋管道和零配件。在配合施工前应编制专项方案，如钢套管预埋施工方案、防雷接地安装施工方案、设备末端定位与内装墙顶地配合方案。机电安装各专业的施工员应根据施工方案、施工图和技术条款、验收规范等的要求向施工班组进行技术和产品保护等方面的交底，同时形成施工交底记录。

10.3.3　基础工程施工阶段的配合

在基础工程的施工阶段，机电安装专业的施工员必须会同工程师及时配合土建做好给水排水、暖通管道穿墙套管的预埋、大型机电设备（如：冷机、发电机）型钢构件的预埋、强弱电专业的进户电缆穿墙管及止水挡板的预埋工作。涉及结构安全或预留孔洞一般在土建图纸上标明，由土建负责施工。在土建施工前，机电安装施工员应主动与土建施工员联系，并核对图纸，保证土建施工时不会遗漏，并且保证孔洞预留的标高、位置、尺寸、数量材质、规格等符合图纸设计要求。避免后续的返工或修理破坏土建做好的墙体防水层，造成以后墙体渗漏。

机电安装专业还应配合土建施工进度，及时做好钢套管、土建施工图纸上未标明的预留洞及在底板和基础垫层内预埋管线的施工。钢套管的固定应绘制安装节点详图、土建预埋套管配筋图。为减少水平位置的累积误差，土建专业应标出每根套管的中心点位置，便于安装时对套管位置的复核，使水平累积误差控制在每一跨轴线之间。在基础工程施工阶段，给水排水管道的施工工序为：施工准备→现场测绘→管道预制加工→现场定位预埋、敷设→灌水试验→交付土建浇筑混凝土。

10.3.4 主体结构施工阶段的配合

根据浇筑混凝土的进度要求及流水作业的顺序，逐层逐段地做好预留预埋配合工作，这是整个机电安装工程的关键工序。在这个阶段，机电安装工程的预埋一般分三个阶段完成：①土建结构的模板搭设完成阶段；②沉梁及递进铺设完成阶段；③面筋完成及封模阶段。

在第①阶段主要是完成放线工程，包括给水排水管道预留洞的位置、尺寸的放线及按照放线尺寸预留各孔洞、木盒；照明灯盒、开关面板插座、配电箱等位置的放线；预留空调排水管位置、电梯等大型设备预埋构件等的尺寸、位置放线。在第②阶段主要完成管道铺设及预埋构件的放置、加固，是按照第①阶段的放线做好给水排水预埋管道的铺设及穿梁排水管道的套管预埋；空调排水管的套管预埋；照明、开关、插座线管以及弱电线管等电线管的套管预埋；防雷接地网的焊接；大型设备预埋构件的加工固定等。在第③阶段主要是检查前面两个阶段的施工质量及工艺，对于遗漏的要补上，没能固定的要固定，同时做好与土建的交接手续，随后土建检查钢筋都符合要求后，浇筑混凝土。在浇筑混凝土过程中机电安装工程师必须时时跟踪，以保证预埋工程的完善。并时刻与土建施工员保持联系，以便在土建施工时能够保证预留到位，保障预留工作的顺利进行。

10.3.5 砌体工程施工阶段的配合

结构施工完成后，当混凝土的硬度及强度达到要求后，土建便会拆模、放线进行砌体工程施工。机电安装工程师必须掌握土建的砌体工程进度，在主体砌体工程施工中机电工程师要与土建工程师做好每个小阶段的交接工作，从而与土建密切配合做好墙身二次配管等工程的施工。在这个阶段机电安装工程一般分为三个阶段完成：①拆模后土建清扫、放线阶段；②砌体施工阶段；③检查预留的线管、水管是否通畅，同时做好半成品的保护措施，防止砌体施工中砂浆、垃圾等进入管道并阻塞管道。

第①阶段必须在土建清扫完垃圾及放好砌体位置线以后才能按照砌体位置校核出在结构预埋阶段所预埋孔洞、线管的正确性。在第②阶段，机电安装施工人员要配合土建预留好各种孔洞，如：配电箱预留洞、水暖管道预留洞等，在这个阶段只有详细掌握土建的砌体工程进度才能跟踪到位，不会遗落任何孔洞。在第③阶段，机电安装人员要按图纸的要求在墙身开槽铺设墙身水管、线管及安装户内配电箱、开关面板盒等，第③阶段是砌体工程中最需要配合的阶段，在此阶段如果土建不能给出准确的水平线和打出灰饼，机电安装工程将无法按图纸尺寸进行施工，会导致水暖管道交叉冲突、洁具五金位置不一、开关插座定位混乱、高度残次不齐。以上这些，都会使工程质量大打折扣，降低工程的整体水平。

10.3.6　精装修施工阶段的配合

在装修工作开始前，机电专业需要依据内装的施工进度计划，编制机电专业的施工计划，提前准备好相关材料，依据精装修提供的精装修 1m 线、吊顶标高线、柱的中心线、房间的中心线等，进行灯具、风口及特殊机电末端的安装。配合过程中需要注意以下几个方面：①装饰天花、吊顶封板前，向精装修提资，准确定位需要开的孔；封板时内装按照提出的要求，标记好需要开孔的位置；封板后，及时按照预定位置开孔。机电专业需复核开孔的数量、位置、尺寸准确性。②石材墙面上的点位，由精装修单位按照机电方提供的开孔尺寸进行开孔，如果是干挂石材，则需要精装修单位配合进行底盒黏结固定及引线，机电单位配合进行安装，底盒与石材间隙的收口由精装修单位负责。③铝板上开孔时，需提前考虑铝板上机电末端点位的固定及安装方式，提前确定开孔尺寸，避免过大或过小。④贴墙纸部位，提前预埋底盒，包括消防报警器、手动火灾报警按钮、开关、通用数据传输平台（GTB）远程控制机构等，保证安装后，完成面美观精致。⑤玻璃饰面上避免设置机电点位。

10.4　本章小结

机电安装工程施工具有专业性较高和专业交叉的特点，在海外机电工程施工管理过程中，除了要求企业熟悉国际标准、做好招标管理外，配备既掌握机电工程专业知识又熟悉土建工程的综合管理人才和工程师对机电工程的顺利实施至关重要。此外，做好各阶段与机电工程施工的协调管理是管理工作的重点，沟通的过程就是信息传递的过程，在机电工程施工协调管理的过程中，建立有效的沟通协调机制、确保信息传递的及时性和有效性是协调管理的关键。

第 3 篇
目标控制篇

第11章
大清真寺项目计划管理

　　随着海外业务的不断拓展，中建阿尔及利亚公司通过不断强化海外项目属地化管理、拓展业务领域，朝着辐射北非及欧洲的国际化公司迈进。鉴于此，公司对项目管理人员也提出了更高的要求，而项目计划与进度管理作为项目管理中最重要的一个环节，不仅需要丰富的施工技术能力，而且需要对项目各专业（结构、内外装及机电等）有一个系统详细的认识，并需要熟悉项目所在地的政治环境、社会文化环境、安全局势、经济发展状况、基础设施状况、人民宗教信仰和生活习俗，还需要精通国际项目的规则、合同条款和国际标准（美标、欧标等）[48, 57]。

　　大清真寺项目作为特大型项目，项目各主要参与方来自四大洲，地域、文化、标准和习俗的不同，给项目施工和资源组织带来极大的困难。本篇通过重点讲述大清真寺项目基准计划编制和优化调整、项目进度计划的跟踪和控制以及工期索赔等内容，并结合 FIDIC 合同条款中有关进度计划管理与控制的要求，帮助海外工程人员了解国际工程项目计划管理的特点和工期风险，掌握海外项目进度计划编制和进度管理的基本方法，在项目因非承包商原因造成工期延误时，充分利用合同条款（或 FIDIC条款）采取有策略的管控措施，维护项目自身利益。

11.1　计划管理的内容、方法及常用软件

11.1.1　项目计划管理的内容

　　计划是为了使企业通过既定的经营步骤达到预期的收益目标，而计划管理就是对计划进行编制（Plan）、执行（Do）、检查（Check）、调整（Act）的过程，概括起来就是 PDCA 循环。本项目中的计划管理也划分为计划、执行、检查、处理等四个过程，具体内容如图 11-1 所示。

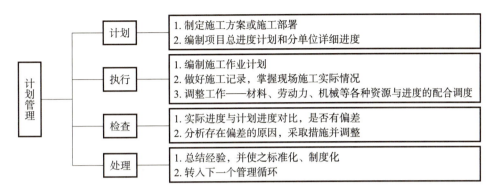

图11-1　计划管理阶段划分

11.1.2　计划管理的相关概念

（1）关键路径法（Critical Path Method，CPM），这是项目计划管理技术的核心理论。由于 CPM 的出现，项目计划技术才逐渐成为项目管理中的必需计划，并开始被人们作为一种专门理论进行研究。

（2）工作分解结构（Work Breakdown Structure，WBS），以可交付成果为导向对项目要素进行分组，它归纳和定义了项目的整个工作范围，每下降一层代表对项目工作的更详细定义。它是随着项目计划技术的应用形成的一个概念，主要是在工作活动较多的情况下，作为项目活动的一个大纲结构，使项目计划具有更好的可读性。

（3）挣得值管理（Earned Value），又称挣值管理，主要通过计划值和挣得值比较来跟踪工作的实施情况，通过挣得值与实际值的比较来反映项目的成本情况。

（4）基准计划（Baseline Programme），项目最初启动时制定的原始计划，与"项目基线"同为项目计划的基础，通常与成本、进度、绩效测量等相关联。可用来与实际进展计划进行比较、对照、参考，便于对变化进行管理和控制，从而监督、保证项目计划得以顺利实施，其一经确定则不会变动。

（5）总时差（Total Float，TF），又称"总宽裕时间"。在网络计划中，某活动的时差是表明该活动有多少机动时间（宽裕时间）可以利用，它等于每道工序的最早开始时间和最晚开始时间之差。即该活动的开始时间可以推迟多少时间也不至于影响整个工程的完工期。这样的时间差，称为活动的时差。显然时差越大，可利用时间的潜力就越大。

（6）自由时差（Free Float，FF），指一项工作在不影响其紧后工作最早开始时间的条件下，本工作可以利用的机动时间。

11.1.3　计划管理的工作程序

本项目的计划管理的工作程序如图 11-2 所示。

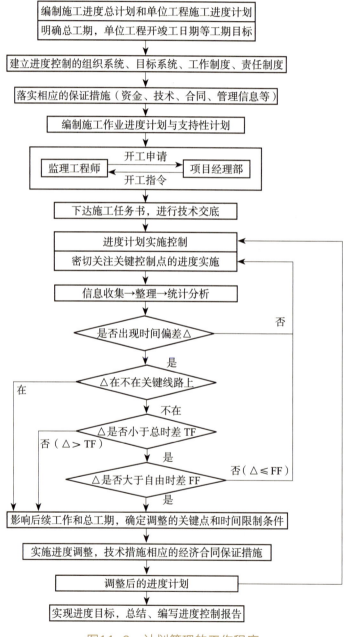

编制施工进度总计划和单位工程施工进度计划
明确总工期，单位工程开竣工日期等工期目标

建立进度控制的组织系统、目标系统、工作制度、责任制度

落实相应的保证措施（资金、技术、合同、管理信息等）

编制施工作业进度计划与支持性计划

监理工程师　——开工申请——→　项目经理部
　　　　　　　←——开工指令——

下达施工任务书，进行技术交底

进度计划实施控制

密切关注关键控制点的进度实施

信息收集→整理→统计分析

是否出现时间偏差△　　　否

是

△在不在关键线路上

不在

△是否小于总时差 TF　　否（△＞TF）

是

△是否大于自由时差 FF　　否（△≤FF）

是

影响后续工作和总工期，确定调整的关键点和时间限制条件

实施进度调整，技术措施相应的经济合同保证措施

调整后的进度计划

实现进度目标，总结、编写进度控制报告

图11-2　计划管理的工作程序

注："△"表示实际进度时间与计划进度时间的偏差，"TF"表示工作总时差，"FF"表示工作自由时差。

11.1.4　计划管理的主要方法

（1）关键路径法（Critical Path Method，CPM），又称关键线路法，是通过分析项目过程中某个活动序列进度安排的总时差最少来预测项目工期的网络分析方法。它用网络图表示各项工作之间的相互关系，找出控制工期的关键路线，在一定工期、成本、资源条件下获得最佳的计划安排，以达到缩短工期、提高工效、降低成本的目的。

关键路径法是一种网络图方法，最早出现在 20 世纪 50 年代，由雷明顿 - 兰德公司（Remington-Rand）的 J. E. 克里（J. E. Kelly）和杜邦公司的 M.R. 沃尔克（M. R. Walker）在 1957 年提出的，用于对化工工厂的维护项目进行日程安排。

关键路径法最初被开发时用于项目管理，在发展过程中，它逐渐在工程项目的合同索赔和纠纷解决上起到了重要作用，并逐渐形成了很多专门的分析方法。

（2）甘特图，也称为条状图（Bar Chart），是在 1917 年由亨利·甘特开发的，其内在思想简单，基本是一条线条图，横轴表示时间，纵轴表示活动（项目），线条表示在整个期间计划和实际的活动完成情况。它直观地表明任务计划在什么时候进行，及实际进展与计划要求的对比。目前以关键路径法为基础的计划管理软件，一般都是采用甘特图作为其图形输出方法。

（3）其他曾经使用过的计划编制方法包括：流程线（Flow Line）技术、平衡线技术（LOB，Line of Balance）、里程碑计划（Milestone Charts）技术等。

11.1.5　计划管理的常用软件

项目计划编制软件种类繁多，如 MS Excel、MS Project、Oracle Primavera 6.0 和梦龙。目前国际上使用最广泛，且被普通接受的是 Oracle Primavera P6。

（1）MS Excel：最简单、最常用的计划管理软件，一般由序号、任务、开始时间、完成时间、备注等关键因素构成。数据以文字和数字的方式体现，关键信息明确，编制方便快捷，适用于短期工作安排类计划。

（2）MS Project：微软的 Project 软件是 Office 办公软件的组件之一，是一个通用的项目管理工具软件，定位于高效准确的定义和管理各类项目。使用 Project 软件，我们不仅可以创建项目、定义分层任务，还可以设定任务间的逻辑关系，对项目进行系统化管理。在项目实施阶段，Project 能够跟踪和分析项目进度，与基准计划对比分析，以保证项目如期顺利完成。

MS Project 的优点是方便快捷，任务级别调整便捷，逻辑关系明确，缺点是无法做到多项目共同编制、多人协作更新数据。其适用于单项目标准计划的编制。大清真寺项目使用的计划与进度管理软件就是 MS Project 软件。

（3）Oracle Primavera 6.0 软件：P6 软件是美国 Primavera System 公司研发的项目管理软件 Primavera 6.0 的缩写，具有高度灵活性和开放性，是以计划—协同—跟踪—控制—积累为主线的企业级工程项目管理软件。相较于 MS Project 更加专业、全面，逻辑更加严谨。

（4）梦龙软件：是国内用得最多的工程计划软件之一，一般用于双代号网络图，特点是同时采用箭线图和前导图作为其工作平台，输出形式为双代号网络图、单代号网络图、甘特图和双代号流水网络图等。

11.2 基准计划

11.2.1 计划的种类

根据计划时间的长短，一般可以将计划分为长期和短期计划，涉及项目开始到结束的全部过程。

1）项目总进度计划

最常见的长期计划是项目总进度计划，其中最重要的、在项目开始前或在开始之初编制的计划，被称为基准计划（Baseline Programme），基准计划反映了最初准备实施项目的安排。

2）短期计划

常用的短期计划有季度计划、月度计划和周计划等。

大清真寺项目合同条款及 CCTP 技术条款中对于承包商应编制的进度计划种类做了明确规定：

（1）准备工程进度计划：该进度计划作为初期的基本任务表，同时参照开工令下达后 30 天内提交的施工进度基准计划。

（2）设计进度计划：该进度遵循待批复的文件/提交的深化图纸；

（3）各单体工程施工进度计划：依据单体工程编制的施工进度计划；

（4）工程施工总进度计划：承包商立足于从开工到临验而编制的一份施工总进度计划；

（5）简要进度计划：用于快速定位项目实际进展的进度计划；

（6）中期计划（即 P3M）：覆盖当前月及未来 3 个月，与设备采购进度计划相联系，根据每个单体工程的施工编制计划；

（7）短期计划（即 P3S）：覆盖当前周及未来 3 周，可对 3 周的时间段内规划的活动做详细的规定。

大清真寺项目在合同谈判阶段，业主、业主顾问、监理及承包商就针对项目计划管理方法进行了重点讨论，确定了工期及进度管理的方法。

需要注意的是基准计划编制的过程也是一个为己方争取利益的过程，双方通过对专业工程的认知，不断争取对自己有利的条件，如大清真寺项目业主方希望将 WBS 拆分到最小的工作项，并与包干总价明细（DPGF）关联，即在基准计划每个工作项后面插入付款额，以此来把握现场进度，同时限制对承包商的付款比例，而承包商则更希望编制按照施工工序要求，尤其是将影响现场施工的设计审批、材料审批、分包商审批等业主方的责任体现在计划中，以便为风险控制和工程索赔预留空间。

但是如果遵循业主要求按照 DPGF 将工作项拆分为最小单位（段、分段、项、分项），因工作项划分太细，无法体现工序之间的穿插及逻辑关系，尤其像装饰和机电需要密切穿插的工序。经过与业主方多次讨论确定，最终决定采用两种计划：①付款计划：将 DPGF 按工作项拆分到最小的工作项，作为对承包商的支付计划；②施工计划：以施工工序为基础，体现所有工作的先后逻辑，作为供各参与方参考的基准计划。

需要说明的是，在项目实施过程中，需要定期对基准计划根据实际进度进行更新，更新计划除了对基准计划作进度调整外，一般不做逻辑上大的改动，但小的调整是不可避免的。由于基准计划是在项目开始之前或者项目早期编制的，该阶段信息相对有限，在实施过程中难免出现很多逻辑与实际情况不符合，或者由于其他原因，导致延误，当基准计划与实际实施的逻辑结构或者进度状况出现较大的差别时，就需要对基准计划进行修订而代替原基准计划。

11.2.2 基准计划的编制依据

项目基准计划的编制依据有：承包合同文件、施工进度目标、项目所在地区工程定额资料、建设地区自然条件和社会条件、相应的技术规范和经济资料、项目所在地生产采购运输的基础资料、施工部署和总体施工方案等。

阿尔及利亚项目基准计划编制需要重点考虑的影响因素有：

（1）政治环境差异：当地政府部门办事效率低，审批手续烦琐且时间漫长，如临水、临电接入、雨污水接入、网络电话接入等，从审批到办理往往需要半年时间。

（2）资源组织困难：材料、设备、劳动力等在国内属于买方市场，而在当地属于卖方市场；大部分需国内采购或欧洲采购，国内采购周期一般为 3 ~ 5 个月，欧洲采购周期一般为 2 ~ 3 个月，给物资采购造成很大的困难。尤其要考虑春节、伊斯兰斋月及欧洲休假季的影响。

（3）技术标准不同：执行当地标准或欧洲标准，很多图纸需要承包商完成深化设计。国内设计一般由专业设计院完成，施工图出图时间一般比较快，且能满足施工要求；而国外项目深化图纸因标准不同，审批时间漫长，长达 2 ~ 6 个月时间。

11.2.3　基准计划的内容

项目基准计划的内容应包括：编制说明，项目基准计划表（图），分期（分批）实施工程的开、竣工日期及工期一览表，资源需要量及供应平衡表等。

编制基准计划说明书，该说明书应包括以下内容：

（1）基准计划安排的总工期，该总工期与合同工期或公司指令的对比；

（2）各单体工程工期、开工时间、竣工时间，以及与合同约定的对比；

（3）高峰人数、平均人数及劳动力不均衡系数；

（4）基准计划优缺点及待核实的问题；

（5）基准计划实施重点及措施，施工总体措施等；

（6）有关责任的分配和奖罚等；

（7）基准计划关键线路、里程碑节点等；

（8）其他。

11.2.4　项目基准计划的编制步骤

（1）收集编制依据，确定进度控制目标；

（2）划分施工过程、施工段和施工层，实时跟进监理工作分解结构（WBS）；

（3）定义活动，确定施工顺序或逻辑关系，活动是计划的最基本的组成部分；

（4）估算工程量；

（5）计算劳动量和机械台班需用量；

（6）确定各单体工程工期及开、竣工日期，安排各单体工程的搭接关系；

（7）编制可行的施工进度计划表（图）；

（8）优化并编制正式施工进度计划表（图）。

11.2.5 基准计划的提交

在工程项目中，合同一般会要求承包商在中标后或者项目开始后一定时间内向业主提交总进度计划和施工组织说明，雇主应在 21 个工作日内对基准计划进行审核。若业主审核后提出对计划的修改意见，承包商对计划进行修改，修改完成后再次提交业主审批；若业主未提出任何修改意见，则项目基准计划默认为业主已经批准，这个计划就是承包商和业主之间的基准计划。

为减少工期延误争议的次数，承包商应编制一份恰当的进度计划，表明承包商计划实施工程的方式和顺序，业主方应接受该计划，进度计划应不断更新，以记录工程实际进度以及批准的延期。如此，进度计划就可以作为一个管理变更的工具，从而可以决定工程延误以及可以获得补偿的时间段。

大清真寺项目合同条款就明确规定：要求承包商在开工令下达后 30 天内提交详细的项目基准计划。

11.2.6 基准计划的跟踪及控制

基准计划一般更新频率是 1 个月一次，通常国际工程合同也会要求承包商每月向业主递交更新计划。

基准计划跟踪与控制流程，如图 11-3 所示。

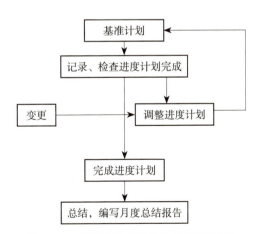

图11-3 基准计划跟踪与控制流程图

（1）项目进度控制工程师应在进度计划图上进行实际进度记录，跟踪记载每个施工过程的开始日期、完成日期，在施工日志上记录每日完成数量、施工现场发生的情况、干扰因素的排除情况。

（2）进度控制工程师记录的成果可作为检查、分析、调整、总结进度控制情况的原始资料。

（3）施工进度检查与施工进度记录结合进行，计划检查是计划执行信息的主要来源，是施工进度调整和分析的依据。

（4）进度计划的检查方法主要是对比法，即实际进度与计划进度对比，发现偏差，以便调整和修改计划；可采用横道图、网络计划图进行检查。

11.2.7　基准计划的调整

由于工程变更或其他原因引起资源需求的数量和品种变化时，应及时评估对基准计划的影响程度，调整资源供应计划和进度控制计划。

进度计划调整，应遵循以下原则：

（1）除非出现重大变故，里程碑计划不作为调整对象，它作为项目所有工作的出发点，为一切计划的基础。

（2）一、二级计划为项目总进度控制计划，一般情况下不作调整。但是，当项目出现重大合同变更、内容更改、外界因素干扰等情况，需要作相应调整时，调整时间由业主代表决定，作不定期的针对性调整；二级计划以不同版本的形式发布。

（3）三级进度计划为标段总控制基线计划，由各标段承包商编制，一般情况下每年允许调整一次，当现场出现重大变更时由各标段承包商作不定期的针对性调整，调整方案需经过项目部的审核批准。

（4）四级进度计划为各标段承包商详细施工计划，是三级计划的进一步详细描述，是承包商具体执行施工工作的依据。

基准计划的调整内容主要包括：施工内容、工程量、起止时间、持续时间、工作关系、资源供应等。这些调整内容也应满足以下条件：

（1）调整内容应将工期与资源、工期与成本、工期资源与成本结合起来调整，以求综合效益最佳。

（2）不论何种原因造成工期提前或退后，都应首先关注关键线路的调整，以保持均衡生产和资源供应平衡为原则，进行进度计划的调整。

（3）在降低资源强度的前提下，调整非关键线路工作时差。主要有三种：①在总时差范围内移动工作的起止时间；②延长非关键工作的持续时间；③缩短非关键工作的持续时间。

（4）当原计划有误或实现条件不充分时，应重新计算网络计划的时间参数，观察对总工期的影响，对持续时间进行调整。

（5）当资源供应发生异常时应进行资源调整，采用科学的调整方法，缩短那些有压缩可能且追加费用最低的关键工作；调整后的施工进度计划由项目经理批准实施，并应重新下发各有关的施工分包单位、作业队或施工班组。

11.2.8　基准计划报告及考核

各区域项目部每月检查基准计划实施状况，并向项目计划部提交月度计划进度报告，主要包含以下内容：

（1）进度执行情况的综合描述；

（2）实际施工进度图；

（3）分包单位、作业队、班组进度计划完成情况；

（4）劳动力、施工机械、物资供应等是否满足工程需要；

（5）工程变更、价格调整、索赔及工程款收支情况；

（6）进度偏差的状况和导致偏差的原因分析；

（7）解决问题的措施和计划调整意见等。

计划部每月协助项目部对各区域项目部/各分包单位进行进度控制评价与考核，按照责任状进度控制目标进行奖励和处罚，并及时公布兑现。

项目部每月对各专业设计及采购完成情况进行考核评价，进行奖励和处罚。

计划部还应每月编写计划月度报告，向业主、监理说明本月进度完成情况。

11.3　大清真寺项目计划与进度管理协调机制的落实

11.3.1　计划与进度管理协调机制

嘉玛大清真寺的计划与进度管理主要通过图 11-4 所示的协调机制进行。

在这个协调机制中，计划部负责里程碑节点计划的编制，专业部对项目部提供设计和采购支持，项目部依据计划部提供的里程碑节点编制单体详细进度计划和现场施工作业计划，并依据施工计划反推设计和采购目标对专业部提出要求。专业部依据项

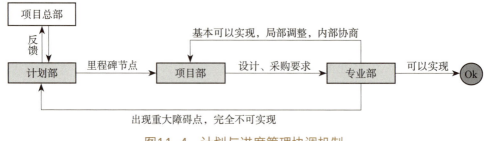

图11-4　计划与进度管理协调机制

目部提出的设计和采购目标，调整设计采购进度和资源配置，当由于重大障碍点或其他暂时无法解决的问题而无法满足项目部的设计和采购要求时，需及时反馈至计划部，由计划部统一协调和调整项目整体计划的目标设定，并及时将问题反馈至项目总经理和常务副总经理。

11.3.2　计划管理的落实

（1）依据项目制定的里程碑节点计划，审核各区域编制的详细施工计划，并对关键线路上的计划实施进行监控，发现问题及时与区域沟通，并组织项目及区域召开专题会讨论。

（2）明确各区域计划管理负责人，各单体计划管理由各区域经理牵头负责，现场及专业工程师落实实施，以计划为主线，有序推动现场施工进展。计划部每周六开会梳理制约计划实施的关键问题，并积极推动各部门给予解决。

（3）根据各单体确定的施工计划，组织深入讨论，认真研究各专业的互相制约关系，制定实际可行的总计划、月度工作计划和周工作计划，以周计划为指导，落实各项工作重点。

（4）区域每周定期召开计划会，梳理本周计划完成情况，并布置下周工作安排，组织协调各专业设计采购等阶段的进度，发现和暴露关键问题或障碍点。对于已经发现的问题或者障碍点，分两类处理：

①需要业主、设计院协调解决的，在每周和业主的例会上提出问题和需要解决的时间，向业主解释清楚问题对计划的影响。根据需要可安排各专业部和计划部的外籍工程师协助和业主讨论。

②对于区域无法协调，需要项目部、专业部协调解决的，汇报给计划部，由项目班子商议处理。

（5）加强专业部管理与区域管理间的协调沟通，对专业部反馈的信息进行及时梳理并反馈，对区域施工所需各类信息予以保障。形成详细的、系统的材料设计采购检索计划，并进行每周检索，每月跟踪。每月初更新材料设计采购最新进展并向区域进行反馈，保证材料追踪与现场施工安排管理同步。

（6）对所有带有保留意见的技术卡片建立台账，梳理追踪技术卡片保留意见。详细进行分类，将保留意见按照处理状态分为已处理、正在处理和无需处理三类，依据保留意见造成的影响及紧急程度制定相应的消除保留意见计划，每月进行更新与跟踪，并及时反馈至区域施工安排中。

（7）项目按需及时与业主、监理召开高层协调会，讨论计划完成情况及需业主、监理解决的重大障碍点，说明对计划的影响及要求解决的时间。

（8）技术部根据各区域经理的安排，协助组织各专业、区域召开计划和方案讨论会，定期梳理重大方案，并优化计划，从技术层面协助计划实施。

（9）对外计划协调，计划部配备一名法籍计划工程师，协助各区域计划负责人，及时与业主、监理的计划部进行沟通，与业主项目经理协调影响计划实施的关键问题及解决时间。

11.4　计划管理反思

在"一带一路"倡议的带领下，中国企业在海外承接的项目越来越多，规模越来越大，无论是为了契合海外业主和监理的管理模式，还是为了加强自身对于复杂的大型海外 EPC 总承包工程的管理能力，坚定地推行计划管理的切实实施是必不可少的。而在推行计划与进度管理的过程中，思想的转变可能比管理模式上的调整更为重要。

计划与进度管理的宗旨是协助项目总经理进行施工调度、协调项目各参与方、保证施工工期并最大限度保证工程管理的任务完成，核心功能是组织协调和计划管控。

计划管理对于总承包商及分包商的约束力主要体现在进度控制上。为了工程项目有计划地进行施工，需要制定进度计划，并按计划进行过程中控制。而控制是在项目进展的全过程中，进行计划进度与实际进度的比较，发现偏离及时采取措施纠正。在此过程中，计划管理是进度目标的有效保障措施，同时也是纠偏改正的重要标杆。

由于中国承包商对于计划管理的实施与应用仍处于起步阶段，计划管理人才，尤其是全专业的专职计划工程师人才严重短缺，导致本应系统全面的计划管理模式无法做到 100% 实施，大部分具体的计划追踪与计划分析仍然由各部门内部把控，项目计划部只能够做到整体追踪，更多的工作内容局限于项目管理运行中的协调沟通，这一点是计划管理的难题，需要更长时间的实践探索。

11.5 本章小结

本章 11.1 节主要介绍了计划管理的内容、相关概念、工作程序、主要方法和常用软件，这部分主要是为了帮助读者对计划管理进行全局把握。基准计划作为工程项目中最重要的计划，管理好基准计划也就是控制了整个项目进度的生命线，所以 11.2 节对基准计划的编制、提交、跟踪、控制、调整、报告及考核进行了重点介绍。阿尔及利亚大清真寺项目的成功离不开项目团队优秀的计划管理能力，而高水平的计划管理更需要行之有效的计划和进度管理协调机制的支持。在 11.3 节，介绍了具有海外工程特色的协调机制与已经落实的计划管理内容。最后，中建阿尔及利亚公司的管理人员还对该项目的计划管理进行了反思总结，更好地帮助读者近距离了解中国企业在海外承包项目中的计划管理现状与不足。

第12章
大清真寺项目成本管理

成本管理是项目管理的一个重要组成部分，它要求系统而全面、科学而合理，对于促进增产节支、加强经济核算，提高项目整体管理水平具有重大意义。要做好成本管理和提高成本管理水平，首先要认真开展成本预测工作，规划一定时期的成本水平和成本目标，对比分析实现成本目标的各项方案，进行最有效的成本决策[58]。然后根据成本决策的具体内容，编制成本计划，建立目标成本责任制，并以此作为成本控制的依据，加强日常的成本审核监督，建立健全成本核算制度和各项基本工作，不断改善成本管理措施，提高企业的成本管理水平。要定期积极地开展成本分析，找出成本升降变动的原因，挖掘降低生产耗费和节约成本开支的潜力，进行成本管理应该实行指标分解，将各项成本指标层层落实，进行管理和考核，使成本降低的任务能从组织上得以保证。

12.1 组织构成

大清真寺项目成本管理的相关部门包括专业委员会、法律事务部、市场估算部及顾问团队。

专业委员会由中建阿尔及利亚公司于 2016 年底成立，主要围绕知识积累、团队建设和资源配置三方面开展业务。公建类合约委员会作为合约序列的知识共享平台，为项目提供标准化的合同模板、各板块的业务知识及板块培训，为合约序列的人才培养做出了巨大贡献。

法律事务部作为中建阿尔及利亚公司的独立职能部门，起到合同条款审核、合同履约风险、法律诉讼纠纷处理等职能作用，为大清真寺项目的合约管理提供坚实的法律后盾，如 AXIMA 仲裁案、各欧洲分供商的索赔等。

市场估算部作为公司市场开阔及企业定额的实施者，拥有最为全面的阿尔及利亚市场造价信息库，为大清真寺项目提供了全面准确的造价信息，为对业主索赔、分包商招标标底价控制提供了必要的帮助。

顾问团队来自大清真寺项目聘请的法国顾问团队 OTEIS，其员工有着丰富的国际经验和多学科的工作方法，可以根据时间和成本目标负责监督项目的设计和实施，其作为大清真寺项目的顾问团队，在大清真寺项目补充合同的签订和索赔工作中提供了技术支持和方案策略。

根据项目成本核算体系，将成本按专业组划分为 5 个成本中心，分别为：土建专业、内装专业、外装专业、机电专业、VRD 专业。

项目成本管理组织架构如图 12-1 所示。

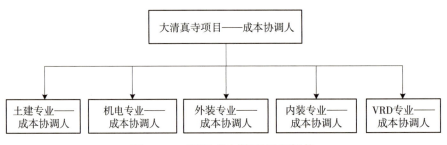

图12-1　项目成本管理组织架构

项目成本管理由合约商务部进行总体协调，由合约商务部经理指派不同专业成本负责人，各专业成本负责人负责本专业成本实施，并组织相关合约人员完成本部门成本工作。

项目各部门预算原则均按照成本核算部门下发的格式和要求进行。项目预算书编制由合约商务部牵头组织，各专业成本负责人主要负责，财务部、综合部、采购部、物流部、平面管理部参与完成，最后由合约商务部进行汇总，完成项目预算书。项目部将以此预算书为准与各专业组签订成本责任状。

预算编制依据如下：

（1）项目策划；

（2）业主的全套合同文件，包括招标文件、合同条款、技术规范、图纸等；

（3）投标文件；

（4）生产要素市场价格（人工、材料、机械等）；

（5）预测的工料耗量；

（6）施工组织设计和施工方案；

（7）分包计划和分包方式；

（8）分公司及项目间接费用支出标准的有关规定；

（9）经验数据或统计资料。

编制预算书应注意以下四点：

（1）预算书主要分为土建专业预算书、外装专业预算书、内装专业预算书、机电专业预算书。

（2）预算书主要内容包括封面、目录、收入及利润预算、预算成本汇总表、预算明细表。

（3）预算调整。项目施工期间，如因设计、图纸、施工方案、分包方式及其他重大事项变更等原因导致项目实际发生成本与预算成本有较大出入，且经过成本分析和讨论后认为原预算无法继续执行时，可进行预算调整。如项目收入有变更，在确定收入变更金额后，可进行预算调整。

（4）预算书编制完成时间主要依据项目收到图纸时间、分包招标进展情况等确定，并根据项目实施的不同阶段，进行预算的完善、修正、调整等。

12.2 成本计划

成本计划，是在多种成本预测的基础上，经过分析、比较、论证、判断之后，以货币形式预先规定计划期内项目施工的耗费和成本所要达到的水平，并且确定各个成本项目比预计要达到的降低额和降低率，并提出保证成本计划实施所需要的主要措施方案。

12.3 成本控制

12.3.1 事前控制

（1）分包招标、大宗采购等重大支出实施前，由各专业成本负责人员参与跟踪分供商的选择工作，做好项目成本事前控制[59]。

（2）所有分供商审批程序应符合项目相关规定。

（3）如在过程预算中，根据实际情况项目确需调整预算成本的，新的项目预算成本应经审批后才能确定。

12.3.2 事中控制

项目各部门应严格按照预算成本及项目相关管理制度进行成本费用控制，具体工作由各专业成本负责人员或专业部门经理完成。大清真寺项目节省成本的注意事项如表 12-1 所示。

成本节省注意事项表

表12-1

序号	项目名称		负责人
1	设计方案	了解、熟悉业主合同的资料，优化设计方案	设计部牵头
2	施工方案	对施工方法、施工顺序、机械设备的选择，作业组织形式的确定，技术组织措施等方面进行认真研究分析，编制切实可行、节约为先的施工方案	技术部牵头
3	分包工程	各专业之间的工作界面清晰、明确，严格按照合同相关规定执行	合约商务部牵头
4		严格审核工程变更索赔项的数量及价格	
5		资金支出"以收定支"或"量入为出"	
6	材料费	制定设备材料的采购成本控制价，对超出控制预算的进行细致分析	物流部及各专业采购人员牵头
7		仔细、认真计算材料的工程量，控制材料的采购量	
8		采取措施降低物流、关税、清关费等费用	
9		建立完善的物资管理制度	
10		加强库房管理，限额领料，做好出入库管理	
11		控制现场材料的消耗数量，余料回收，避免浪费	
12	人工费	严格劳动组织、合理安排生产时间	各区域及合约人员牵头
13		加强技术培训，强化生产工人素质，提高劳动生产率	
14		严格审核、控制现场零星用工签证量	
15	机械使用费	根据优化后的施工方案，选择合适的机械设备	平面管理部牵头
16		严格控制、管理租赁的施工机械	
17		提高施工机械的利用率和完好率	

序号	项目名称		负责人
18	其他 直接费	合理规划临建的建造方案	平面管理部牵头
19		建立完善的项目质量、安全管理制度	安全部牵头
20		控制银行费用的支出	合约商务部牵头
21		了解当地相关的税收政策，减少税费的支出	合约商务部牵头
22		注意发票的合规性	财务部牵头
23	间接费	不拖延工期或采取合理措施缩短工期	各区域牵头
24		减少管理人员的比例，一人多岗	综合管理部
25		严格遵守公司的管理规定，各项费用支出采用指标进行控制	财务部牵头
26	业主方面 （业主合同）	及时与业主进行工程结算，并跟踪收款情况	合约商务部牵头
27		搜集、准备变更索赔资料，签订补充合同，增加二次收入	合约商务部牵头
28		遵守合同工期，避免罚款情况发生	合约商务部牵头
29	竣工交付 使用及 保修阶段	控制保修期的费用支出	合约商务部牵头
30		及时与业主进行最终总结算，并跟踪收款情况	合约商务部牵头

12.4 成本核算

12.4.1 自营工程

各部门进行成本费用核销时，经部门负责人审批完成后，必须先交给合约商务部，由各专业成本负责人及各专业副总经理在费用报销单上签字，并核实成本代码，再经过合约商务部经理签字，进行费用登记之后，方能交由项目出纳进行报销。合约商务部签字表示已经根据发生费用对成本进行了分类，以便出纳准确把发生的费用进行分类核销、入账。

12.4.2　大包工程

各专业部应于每月 30 日前将本月分包结算书报送至合约商务部进行备案，由合约商务部对成本进行分类，以便出纳准确把发生的分包成本进行分类核销、入账。

12.5　成本分析

工程成本分析，就是根据会计核算、业务核算和统计核算提供的资料，对工程成本的形成过程和影响成本升降的因素进行分析，以寻求进一步降低成本的途径。通过成本分析，可以从报表反映的成本现象看清成本的实质，为加强成本控制、实现项目成本目标创造条件[60]。

本项目的成本分析主要从季度成本分析和分部分项工程成本分析展开。

12.5.1　季度成本分析

每季度第一个月 10 号进行上季度的季度成本分析，由各专业部完成本专业预算成本更新或进行专项成本分析，合约商务部进行汇总审核、汇报。

1）成本分析要求

季度成本分析主要分为专项成本分析和项目或专业部门整体成本分析，具体情况根据项目进展情况、项目重大事项变化和要求确定。

2）编制成本分析报告

成本分析报告主要包括文字说明和数据分析两部分。数据分析部分主要是通过对已发生成本的整理、分析，初步判断成本是否合理，以及不合理的原因。文字说明部分主要是通过数据进一步分析和阐释成本是否合理的原因，并制定相关措施，避免或尽量减少成本超支的情况再次发生[61]。

12.5.2　分部分项工程成本分析

分部分项工程成本分析是在预算书编制完成后、分部分项工程施工完成后或分部分项工程施工到一定阶段时进行的成本分析。此项工作偏重于理论分析，如土方工程、钢结构工程、桩基工程、石材饰面工程等，根据项目要求不定期进行。

12.6　成本考核

成本考核，是指对项目成本目标（降低成本目标）完成情况和成本管理工作业绩两方面的考核。这两方面的考核都属于企业对项目经理部成本监督的范畴。应该说，成本降低水平和成本管理工作之间有着必然的联系，同时又受偶然因素的影响，但都是对项目成本评价的一个方面，都是企业对项目成本进行考核和奖罚的依据。

12.7　本章小结

中建阿尔及利亚公司为更好地控制大清真寺项目成本，专门设置了专业委员会、公司法律事务部、市场估算部、顾问团队等部门团队，各部门之间相互合作又各司其职的组织架构，确保项目成本计划的顺利实施。在成本控制这一部分，项目团队还制定了相应的成本节省注意事项表，使得每一项费用的节省控制工作都有相应的责任部门。除此之外，针对每一类别费用的成本控制还提出了有效的措施。在成本核算部分，项目团队重点关注自营工程和大包工程。最后，对季度成本分析和分部分项工程成本分析、成本考核加强了成本管理工作的系统性，这是提高项目成本管理水平和完成成本目标的重要保障。

第13章
大清真寺项目质量管理

质量管理是项目目标控制的关键一环，质量管理的首要任务便是构建完善的质量管理体系[62]，以明确质量方针、目标、职责以及质量策划、控制、保证和改进方案，建立和实施质量管理体系通常包括以下方式：

（1）建立完善的质量管理系统，有效地掌控施工技术、施工过程、施工环境、施工设备、原材料、劳动力技能水平等各个方面情况。制订质量控制计划，预估可能会出现的问题，并对此制定出质量预案。

（2）建立质量检测制度：在质量检测过程中，应当完成自检、互检、专检等相联合的检测形式。进场材料、半成制品以及完成制品的检测应以专检人员为首，各个工序的检测则应当由作业人员自检、互检为首，专门的职业检测人员进行抽查作为辅助[63]。

（3）建立定期的协调会议制度：在例会上对施工中出现的问题及时提出，并予以分析讨论解决，对容易出现问题的部位，在例会上就明确施工前各专业的责任与施工工序，以防止问题的发生。

（4）出现质量问题，要第一时间进行处理，维护好现场，完成事件的调查，形成调查报告、问题处置通报。

国际工程总承包商大部分需承担设计和采购任务，对工程实施全面负责，要求承包商必须同时具备设计和施工资质，因此，国际工程总承包商不但在施工管理上有较强的质量管理能力，同时应具备相应的设计质量管控能力，对设计分包的设计质量能有力把控，相应的质量保证体系特别应注重设计质量控制[64]。同时，采购直接影响设计和施工环节，因此总承包商物资采购的管控能力也是质量管理体系的一个重要环节。

承包商应有各专业的管理能力，并具有与项目管理功能相适应的组织机构，需建立专门的质量保证体系，来保证设计、采购、施工环节的质量，每一个环节都有相应的质量监控职能部门。项目全过程在人员配备、组织管理、检测程序、方法、手段等各个环节上需加强质量管理，并对业主的其他要求做出响应，保证项目优质完成。

13.1 清真寺质量管理特点

海外工程质量管理流程与要求与国内建设工程质量管理大体一致。但由于其地域的特殊性，在实施过程中又有一定的区别，主要表现在以下几方面：

（1）注重过程的执行，严格按照质量保证计划和标准规范进行现场质量控制。根据相关规范资料的对比研究，我国规范在质量控制方面的要求都不低于欧洲标准，甚至高于欧洲标准。但国内质量控制经常存在因人而异的情况，往往只注重资料的收集和过程的宣传，而不注重过程的执行。

由于阿尔及利亚人受欧洲文化的影响，是非观念较强，对不满足规范、条款要求的产品，往往不存在模棱两可的态度。此过程质量控制较为严格，基本按照图纸和规范执行。

（2）遵循的标准规范不同，在项目技术条款内对每个分部过程均有其相应的规范清单，根据规范控制现场质量。欧洲规范内对质量的管理控制基本参照相应的专项规范，在技术条款内规定每一项施工应参照的规范清单，根据清单进行质量控制，管理责任更加明确和具体。

（3）质量保证计划的要求：质量保证计划是一个系统的事先质量控制文件，与国内质量策划类似，但侧重点不一样。质量保证计划注重实现合格产品的管理手段、工具、方法的要求。

（4）合同设置不合格项：对现场违背合同或规范质量要求的分项工程下发不合格项，直接影响付款。因此承包商需更加注重过程质量控制，防止因过程质量不合格影响工程款结算。这与国内在工程款申请时提供验收合格资料有一定的区别，更加注重过程质量，而不是事后补充。

（5）社会保险和监督：注重社会保险和社会监督机构的质量管理。根据相关建筑法规，规定参建方（根据合同约定）必须在工程竣工前对建筑的结构及防水等关键工程投保，而保险公司要求投保人必须提供第三方监督机构的监督报告。监督报告的内容直接影响保费和保额，免赔额的大小、企业的信誉资质也影响保费。因此社会保险的介入更有利于工程整体的质量控制。由于保险公司的保额需以第三方监督机构的监督报告为依据，因此为项目的质量控制又增加了一层保证。

13.2 清真寺质量管理体系

一种健全的质量管理体系，是实现工程质量的根本。对于海外特大型项目而言，其管理面广，从设计到采购到现场施工各专业都需兼顾；管理深度大，从后台管理到现场操作全跟踪，若采取通用的做法，需要一个非常庞大的质量管理团队。因此大清真寺项目质量管理主要采取责任工程师制，由项目部成立质量监督部门，负责项目质量体系建设、项目质量巡检、质量标准制订等，现场具体质量控制由现场责任工程师负责。图 13-1 为阿尔及利亚大清真寺项目质量管理组织架构图，表 13-1 为阿尔及利亚大清真寺项目质量管理职责分工。

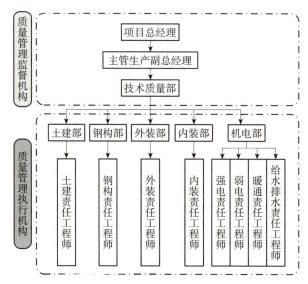

图13-1　阿尔及利亚大清真寺项目质量管理组织架构

阿尔及利亚大清真寺项目质量管理职责分工　　表13-1

监督机构质量管理职责	根据公司管理规定进行质量体系建设
	根据公司管理规定制订项目质量管理制度
	保证质量监督体系的有效运行
	根据项目质量策划和目标，组织编制项目质量计划
	组织项目的质量检查，整改质量缺陷组织并向项目经理报告
	组织项目的质量例会
	向公司上报项目质量监控月报
执行机构质量管理职责	现场质量交底
	现场质量自检
	组织监理验收
	收集质检资料
	参与质量巡查

13.3 质量保证计划

质量管理的基本宗旨是项目初期进行全面的质量策划，编制项目质量保证计划和质量管理规定，项目实施过程中严格执行质量保证计划的要求，并编制专项质量保证计划，确保能有效地指导项目实施，做好项目质量的管理和控制。项目质量保证计划根据其应用范围又分为总项目质量保证计划和专项质量保证计划。

13.3.1 编制原则和审批程序

以 DIN EN ISO 9000：2008《质量管理体系》《中建阿尔及利亚公司质量管理办法》《中建阿尔及利亚公司质量保证计划》等相关规定为依据，将企业程序文件的原则要求转化为项目的具体操作要求。根据项目合同、技术文件要求、相关规范规定，明确责任到具体的人、时间、方法、工具、工作内容和要求。

项目质量保证计划经项目经理审批，项目在编制项目总质量保证计划时，需要列出项目专项施工方案、局部分项专项质量计划清单，项目专项质量保证计划需要经监理审批。考虑到审批流程很长和通过率较低，通常需要提前 3 个月进行编制。专项质量保证计划在编制时需要综合考虑通用条款和特殊条款内容。经过审批后的质量保证计划是指导现场施工和作为评价工程是否合格的验收依据，需要及时对管理人员进行交底。

13.3.2 质量保证计划内容

项目总质量保证计划的内容应包含：项目总质量目标；组织机构与职责；与质量有关的文件和资料管理，包括文件的审批和发布流程、资料的收集存档要求；材料设备的质量控制，对供应商的考察、选择和评价要求，设备采购、运输、清关、进场、存储和使用的质量控制；对分包的质量控制，包含分包商资质管理、分包商考察选择和评价、分包现场实施的质量管理；对业主财产的质量控制，包含对合同文本的说明，业主财产进场验收、存储、维护和移交的流程，及业主指定分包商的管理；施工过程的控制，包含主要的施工方案计划、专项质量保证计划、各项质量管理制度、对关键过程的质量控制；检验和试验，对各项材料设备的检验试验要求和计划；现场标识标牌、产品保运、存储和保护措施；培训，包含对特殊岗位人员能力的控制、对管理人员和工人的培训计划、交付前的运营培训等；对质量管理体系的自查和改进；不合格产品的控制和处理；顾客满意度调查；质量数据的统计和分析；纠正和预防措施；质量记录，规定各项质量记录的收集和记录要求，附各项质量记录样表。

在总质量保证计划中，需根据项目实施策划编制专项质量保证计划清单（每个分项工程需编制质量保证计划）。专项质量保证计划应根据分项工程的不同单独编制，一般包含的内容是：遵循的管理文件名称编号；详细的生产 / 施工计划；承包商 / 分包商的质量管理体系，现场相关人员资质和联系方式；相关材料供应商的介绍及其资质和认证文件；产品的技术卡片和认证资料；实施的工具和方法；检测和检测的工具和方法；成品的质量要求；施工人员的资质和要求；产品的生产、运输和存储要求；不合格产品的处置措施；相关资料表格。

13.4 全生命周期质量管控

对项目的管理和控制而言，设计、采购、施工各个阶段各个环节的每一项工作都关系到项目的最终质量。因此，项目实施过程中的每一个输入和输出都应该处于受控状态，才能保证项目质量目标的实现[65]。

13.4.1 设计阶段的质量管控

设计是工程实施的关键，图纸的质量在一定程度上决定了整个工程的质量，同时设计质量的优劣将直接影响工程项目能否顺利施工，并且对工程项目投入使用后的经济效益和社会效益也将产生深远的影响[66]。

由于国际工程使用的标准规范与我国标准规范有较大差异，因此项目大部分的设计任务通常由专业分包商承担，这就要求总承包商自身应具备相应的设计管理能力，了解相应的设计规范和工作流程，能对分包商进行规范有效的管理，避免因为图纸的质量影响工程的进度和质量。

阿尔及利亚大清真寺项目设计任务主要依靠 3 个平台完成：

（1）公司设计平台：提供专业设计人员协助项目完成部分建筑和结构设计，提供设计分包资源、协调设计分包完成项目设计任务；

（2）项目设计部：协调项目各专业设计工作，进行设计任务划分、设计计划安排、设计分包管理、确定设计质量要求等，并自行完成项目建筑、结构的设计任务；

（3）部门设计组：主要集中在机电、内装、外装方面，各部门成立相应设计组，借助公司设计平台对专业设计分包进行管理，对分包设计质量进行把关和控制。

13.4.2　采购阶段的质量管控

项目管理中的采购管理，是对采购过程采购物资审批、供应商的选择、采买、催交、检验、监造、运输、清关、现场交接和现场物资管理等过程的管理。材料的采购要综合考虑到图纸审批的进度、现场施工进度的可控因素；特别是针对有效期内的材料（防水涂料、卷材、橡胶止水带等）要注意进场时间并及时使用，避免材料过期带来的材料损失风险。

项目采购阶段的质量管理，应从采购物资审批、供应商的选择、监造检验制造过程和现场管理四个环节进行全面管理和控制。

（1）采购材料审批流程和材料技术卡片相关认证报告。用于工程的材料需要报送技术卡片，材料技术卡片审批周期较长，需要以正式文件报送纸质版和电子版，先后需通过监理、业主、CTC等审批，短则十几天，长则几个月，施工单位在收集材料卡片时需要注意材料各项认证，保证各项性能检测资料合格证明齐全，同一工序间各种材料的兼容性需要出具有效检测报告，同时需要注意材料的标准配件问题，如橡胶止水带异性接头需要厂家定制。

（2）供应商的选择控制。合格的供应商选择要依据相关规定对项目所有供应商实施严格有效的选择程序，供应商是影响产品质量最重要的因素之一。公司总部需建立完善、有效与合理的评价指标对供应商进行认证和考核，使供应商管理从以经验判断为基础的定性化管理提升至以各类数据和信息为基础的定量化管理层面，并与同类工程的经验相结合，实现闭环管理，综合确定优秀供应商，从供货源头来保证采购的质量。

（3）监造检验制造过程的控制。对于各类设备和材料进行监造检验前，要对监造、检验工作和人员资质进行策划，明确监造检验工作范围、技术要点和检验级别，编制相关工作文件和程序文件，确定项目采购的质量计划并贯穿于项目始终。为保证设备制造各环节的质量，要对各类设备和材料采取不同的监造检验方式。对于重要的设备和构件，要提供专项制作质量保证计划并安排专业人员驻厂监造或驻厂巡检。在设备制造过程的质量管理和控制中，应根据项目的规定和发布的程序文件从原材料、加工工艺、特殊工种的资质审查、工序检验、组装、中间产品试验、包装检验直至装运等质量管理和控制环节上对供应商实施监督检查等管理工作。如阿尔及利亚大清真寺项目，对于外立面石材的质量控制，需贯穿石材从开采到现场安装的全过程，需供应商提供石材开采质量保证计划，并委派具备专业资质的监督人员定点巡视监督开采和加工。

（4）现场物资材料的管理。现场材料的管理也是采购质量管理和控制的重要环节之一。对于到现场的设备、材料的接收、保管、检验必须严格按照现场物资管理规定和程序来执行。对于到现场的设备、材料组织进行开箱检验并做好记录；对设备、材料的验收状态做好有效标识，防止漏检；对待检设备、材料进行有效的防护和保管，防止损坏；对检验验收过程中发现的不合格品实施有效控制。

13.4.3　施工阶段的质量管控

为确保施工过程中的质量能够得到有效管理和控制，除了建立健全质量管理体系和对质量管理进行全面的策划和组织外，还应该注意以下几点：

（1）遵守施工阶段质量管理规范。施工标准的执行通常是遵循招标文件中的设计和施工规范，包含欧标、德标、法标、英标、阿尔及利亚标准以及宗教惯用做法。实际执行时以最严格的标准作为实施依据。

（2）有合格的分包队伍。施工过程的质量控制，应从施工分包商的选择和实施全过程开始，选择资质合格并长期合作的队伍，更有利于分包的质量管理。把工作重点放在施工过程中的事前和事中控制上，减少事后处理，使施工过程质量始终处于受控状态，是确保整个项目质量的关键。因此总承包商需建立好科学合理的分包考核体系，完善分包资源库管理。

（3）专业的质量管理队伍。海外工程大部分实施工作委托给分包商承担，总承包商在项目质量控制中承担的主要任务是管理，总承包商需要成立专业的质量管理队伍，各专业有专业质量控制工程师，对工程项目的各个实施环节进行全过程的质量控制和管理。以阿尔及利亚大清真寺项目为例：前期施工主要以土建为主，质量管理相对简单，项目质量部为各区域配备土建质量工程师。后期各专业相继插入施工，由于管理人员配备不足，项目实施工程师质量责任制，对现场专业工程师进行质量管理培训，让现场工程师在管理现场施工的同时，负责各专业实施质量的管理。

（4）完善的技术保障。施工过程的质量管理和控制要有施工技术准备，质量管理人员必须熟悉项目总质量保证计划和各专项质量计划；掌握项目所在国的施工规范、规程及验收标准；熟悉设计意图；审查工程施工方案和技术措施等；熟悉质量目标；同时也要熟悉重要部位和重点工序的质量控制措施。首先要明确审核施工方案的重要性，施工方案的正确与否直接涉及是否存在质量隐患和质量问题，为此必须严格审查程序，从施工源头上避免发生质量问题。因此阿尔及利亚大清真寺项目质量管理部门直接由项目技术部负责，以便更好地进行项目质量控制。

（5）加强对属地化工人的质量管理。由于国际工程的特殊性，项目施工需要雇佣大量当地劳工，由于当地工人的质量意识和作业水平不同，大部分无法满足项目质量管理的要求，因此需对属地化工人加强质量培训的同时，采取"一带一"或"一带多"的政策，即由一个中国工人带领一个或多个属地化工人施工，由中国工人负责施工质量的控制和指导[67]。同时，可增加现场属地化工程师的数量，加强属地化工程师的质量培训，让属地化工程师管理属地化工人。

（6）重视对过程的检查和工序的验收。施工过程的质量检查应包括对原材料成品和半成品的检查、对施工队伍在施工过程中的检查、对施工质量进行不定期的专业检查和联合检查及定期组织施工质量大检查等。尤其在工程竣工交付时要注意，规范标准不同，造成的质量控制也不同。

下面将通过大清真寺项目中混凝土配合比及现场实施的监理监控实际案例，说明质量监控的重要性。

由于大清真寺项目的特殊性，混凝土的生产按照欧标规范进行全程监控。

当地商品混凝土使用普及率不高，项目部需要自行建设搅拌站，搅拌站的设备配置和现场混凝土生产，需要项目部全程掌控。混凝土搅拌站建立前需要综合考虑现场平面布置、原材料的堆放、遮阳降温、防尘防护等，待安装齐全、内部验收合格后，需要请当地有资质的检测单位进行计量认证（认证时效 3 个月检查一次），合格后才能进行混凝土的生产。

混凝土的配合比试验：混凝土施工前需要进行配合比试验，经各方审批合格后才能进行现场搅拌，审批流程同材料技术卡片。当地混凝土配合比的配置主要是水泥、砂、石；水泥、砂、石由阿国供应，外加剂基本是欧洲材料（项目粉煤灰通过中国海运），砂不是中国的普通黄沙，而是由黑沙石粉组成，石子质量更好。当地水泥生产由政府计划决定，生产出来的水泥其强度特别不稳定，在进行配合比设计时，要对不同厂家的水泥有统计对比。曾经有项目一批次水泥强度不稳定，导致该项目所有工程实体强度等级不能满足设计要求，最后不得不对楼层已浇筑完成部位的荷载进行计算验算。混凝土取样试件是直径 15cm，高度 30cm 的旋转圆柱体，混凝土取样是由 CTC 人员现场进行取样。

混凝土配合比的设计参照欧洲规范《混凝土结构实现》EN 13670、《混凝土规范、性能、生产和合格性》EN 206–1、《欧洲规范 2：混凝土结构设计》EN

1992–1–1，阿尔及利亚规范《钢筋混凝土结构计算和设计规范》CBA93 和国际标准《混凝土——受压混凝土静力弹性模量的测定》ISO 6784。混凝土配合比的设计材料最小用量根据技术条款内容进行配置，配合比设计时不仅要考虑混凝土的强度等级，还要进行弹性模量、劈裂强度的设计。在非洲地区，经常遇到天气温度高于 35℃，而材料经过高温后其实测温度可能更高，这对项目是巨大的考验，需要采取多种措施进行降温，例如采用冰水搅拌、原材料遮阳、洒水降温等；大体积混凝土对混凝土的拌合温度有要求，施工时要求混凝土拌合料温度不超过 25℃，混凝土最高温度不能超过 68℃。对混凝土配合比设计者来说是重大的挑战工作，试配过程中如果不能满足上述要求，将直接导致不能施工，对项目质量、工期产生直接影响。

　　大体积混凝土测温点探头埋置应根据技术条款要求进行。每次混凝土浇筑前必须上报混凝土浇筑方案并经各方审批，混凝土到达场地后不仅需要对混凝土坍落度、扩展度进行检查，还要对混凝土入模温度进行现场检查，查看温度是否满足规范要求，混凝土浇筑完成后还要进行测温记录，混凝土以及环境温度的温度变化应在 168h（7d）内连续记录，测温记录由 CTC 试验人员 24 小时进行不间断的测温，完成后还要绘制温度变化曲线趋势图。若温度高于 68℃，各方需要对现场混凝土进行各种检测认证工作，通常是送往欧洲地区，检测试验通常需要 50 周以上。混凝土取样项目通常是取 3d、7d、14d、28d、56d、90d 的试样。因为取样组数比较多，若 28d 强度报告不能满足设计要求，后续 56d、90d 试块试压合格仍然可以判断报告合格。混凝土的试验直接由 CTC 进行试压，报告可不经过我方而直接告知设计和监理。报告不得修改，若因为部位写错更改报告，需要各方签字盖章证明。对于龄期 90d 仍不合格的试件，可以进行现场抽芯取样，如果强度试验合格可以判定合格。不合格则需要进行结构验算，能达到设计最低要求的，报监理设计单位审批。不满足设计要求的，需破除重新施工，直至合格后才能申请工程进度款项。

13.4.4　工程验收

1）工程临时验收

　　当承包商已经完成了项目合同规定的全部工作内容且不存在主要缺陷时，可以向业主发出临时验收申请。临时验收前的预验收，对规模较大的项目，是一个相对较长的过程，要分栋号、楼层、专业逐项验收，再进行缺陷整改和再验收，整个过程可能会持续 1~2 个月，甚至更长时间。预验收过程中需要组织运行维护人进行培训，主要内容是设备的运行、使用、维护、保养。培训需要做好记录，下发给业主。

所有的预验收完成后，监理和业主签署临时验收报告。如果工程或者设备的性能没有达到要求，则业主、监理或者其他的监管机构有充分的权力对工程或者设备拒绝验收。如果重大缺陷没有改正，也可拒绝验收。在这种情况下，业主可以拒绝进行临时验收，并将日期推迟，直到重大缺陷得到改正。

2）工程质量保证期限和最终验收

临时验收的完成标志着质保期的开始，质保期限一般为 24 个月（以工程合同为主）。该保证期之后是最终验收。质量保证期间主要是消除保留意见，巡视操作人员和设备运行维护记录。

24 个月后质量保证期以最终验收宣告结束。在此期间，质量缺陷全部消除，签署最终验收纪要。如果缺陷没有得到整改，业主可以延长质量保证期，重新确定一个日期进行最终验收。

最终验收意味着质量保函的归还，质量保证金为合同金额的 5%，履约保函在临时验收后转为质量保函。质量保函在最终验收之日起计一个月内归还。

13.5 建筑十年险

由于建设工程的合理使用年限长达几十年甚至上百年，这么长的期限内，很难保证承包商一直存在。即使承包商一直存在，也要终身承担维修费用而不堪重负，终身保修制度暴露出过于理想化、缺乏可操作性的缺点。因此在海外工程市场，特别是欧洲管理模式下的工程市场，普遍要求建筑的各参建方必须对建筑工程 10 年内的缺陷强制投保。以法国建筑法规《建筑职责与保险》为例，该法规分 3 部分进行规定：

（1）规定所有参加建筑工程项目的机构都有质量责任，包括业主、建筑师、设计单位、施工单位和质量检查控制机构。（2）这些质量责任包括保证建筑结构的牢固、保证人员安全、防渗漏、噪声控制和保温等建筑功能的设施。（3）其中结构缺陷、保温降噪质量责任期限为 10 年，防渗漏责任期限为 2 年。

建筑工程质量内在缺陷十年保险通过保险公司和再保险公司实施。对建筑工程质量控制则是保证该保险正确实施的必要条件。这项工作由独立于设计和施工的第三方建筑工程质量检查控制机构实施。检查控制机构要针对每个建筑工程的特点，从建筑工程的方案设计、施工图设计和施工工程的各个阶段进行控制。

13.5.1　建筑十年险的特点

建筑十年险最大的特点是将建造者的缺陷责任风险与第一方的物质损害风险分开，建造者为其所负的缺陷责任投保相应的责任保险，如设计师职业保险和承包商责任保险，而第一方的物质损害风险可由业主投保（具体以合同规定为准）[65]。

同时，建筑十年险为内在缺陷保险确定了强制性技术监督制度，即工程投保的前提条件是提供独立的第三方建筑工程质量检查控制机构对建筑工程的方案设计、施工图设计和施工过程的各个阶段进行质量控制，该机构需获得政府及保险公司的认可，该机构只对保险公司和业主负责。

13.5.2　作用机理

质量缺陷事件出现后，首先触发业主损失保单，基本原则是要在确定责任前先行赔偿，以保证消费者的利益[68]。其次，触发建造者责任保险，保证责任方最终的赔偿。即在 10 年质量责任期内，建筑结构安全和功能的缺陷或内在缺陷导致损失事件后，首先由业主向保险公司索赔，由保险公司赔偿后，再代位向建造者（包含设计单位、施工单位和质量检查控制机构）追偿。这样也触发了建造者责任保险，建造者可以通过其责任险履行赔偿责任。具体体现在以下 4 方面：

（1）建筑工程事故原因复杂，往往涉及多方利益，对于未投保工程，一旦发生事故，经常会引发诸多经济和法律纠纷。建筑工程质量责任险有效地保护了消费者的利益，在建筑物的 10 年责任期内，不论各参建方是否有偿付能力，只要发现内在缺陷导致的裂缝、倾斜、倒塌或其他功能破坏，消费者都能尽快获得保险人的赔偿，修复缺陷。

（2）对于业主来说，工程质量保险体系使得质量风险在工程设计阶段和建造阶段就得到了有效的控制，并通过保险制度得到了较好的安排和解决，消除或降低了业主的风险。

（3）对于各参建方而言，一方面，强制性第三方技术监督能减少建造者的错误和疏忽，提高工程质量，降低建造者未来承担的责任；另一方面，强制责任险能使各参建方在合理的风险水平下实现稳定经营，避免或减少由于质量缺陷引发巨额索赔而陷入财务困境。

（4）从整个建筑市场来说，强制保险制度建立了不购买相应保险就不能进入市场参与工程建设的市场规则，保险公司为维护自身的经济利益，在提供保险时，必然对申请人的资信、施工能力、管理水平、索赔记录等进行全面严格审查，并实行差别费率，这就迫使各企业必须提高自己的管理水平和诚信度，否则将无法买到保险或保费过高而被建筑市场淘汰。这有利于促进建筑市场优胜劣汰的良性循环。

13.5.3　建筑十年险实例

根据阿尔及利亚大清真寺项目总包合同，总承包商必须为该建筑购买一份强制建筑十年险，其保险范围主要包含：主体结构和防水。总承包商根据合同规定，寻找当地有资质的保险公司，最终与阿尔及利亚保险公司（CAAR）确定合作意向。

1）保费/保额的规定

保险公司提供 3 种保费与保额条件：

选项 1：基础费率（不含防水）1.5%，以不含税的工程最终金额为基础，包括设计费用。免赔额：事故金额的 10%，起赔额为 15000000DZD（约 83 万元人民币）。

选项 2：基础费率（不含防水）1.4%，以不含税的工程最终金额为基础，包括设计费用。免赔额：事故金额的 10%，起赔额为 50000000DZD（约 278 万元人民币）。

选项 3：基础费率（不含防水）1.2%，以不含税的工程最终金额为基础，包括设计费用。免赔额：事故金额的 10%，起赔额为 500000000DZD（约 2780 万元人民币）。

在工程结束时也可以予以防水保险，但前提条件是需要法国 SOCOTEC 公司出具的 RD3（Rapport Définitif-3）报告（项目最终验收后的一年）。

CAAR 会将保险合同委托给再保险公司执行，再保险公司委托监督机构对项目执行情况进行监督。

2）第三方监督机构的工作

阿尔及利亚大清真寺项目委托的第三方监督机构为法国 SOCOTEC 公司，其根据项目特点，建立监督小组，组织各专业人员对项目的设计质量进行分析，并定期对现场进行巡视，每月出具监督报告，报告对每一条监督内容评价为 3 个等级："好""待定"和"坏"，保险公司根据监督报告计算保费。评价为"好"有利于承包商降低保费；"待定"项需要在澄清后确定；"坏"则需增加保费。最终形成项目最终监督报告作为保险合同依据。

13.6　本章小结

本章结合大清真寺项目特点，对管理体系和工程全生命周期的质量管控进行了完备的描述，并介绍了具有鲜明海外工程市场特色的建筑十年险，主要结论包括：
（1）海外工程质量管理与国内建设工程质量管理类似。区别之处在于质量管理的具体
实施要考虑地域特殊性，结合当地法律法规及文化风俗。（2）对于海外特大型项目而
言，由于其管理面广，在项目全生命周期内各专业都需兼顾，因此项目创新性地采取
责任工程师制，对项目从设计、采购、施工到验收每个环节进行严格的质量管控，以
保证项目质量目标的实现。（3）在海外工程市场，特别是在欧洲管理模式下的工程市
场，普遍要求建筑的各参建方必须对建筑工程 10 年内的缺陷强制投保，因此国际工
程需对建筑十年险有详细了解。

第14章
大清真寺项目HSSE管理

HSSE 管理体系在本项目中得到充分运用。HSSE 是四个英文单词的缩写，即 Health（健康）、Safety（公共安全）、Security（安全保障）、Environment（环境）[69]。对阿尔及利亚大清真寺项目而言，HSSE 管理就是要对影响健康、公共安全、工程直接作业环节安全、环境卫生的不确定因素加大管控力度，把隐患和损失降至最小。

14.1 健康管理

海外项目多具有自然环境恶劣、社会安全形势持续振荡、外部依托差等特点。案例调查显示，海外项目由于缺乏必要的健康管理曾导致过多种后果严重的风险事故：出国体检报告造假和对当地环境的不适应诱发的高风险疾病甚至死亡；对个人卫生的忽略导致的群体性传播疾病（如：登革热、疥螨、水痘）和疫情发生；当地医疗条件的限制和对后勤食堂管理的疏忽造成的疾病；对生活环境、工作环境和气候环境的不适应造成的心理健康疾病；饮用水添加失误和对盛装容器清理不及时造成的人员伤病等[70]。

因此，如何在此条件下保障员工的身心健康，以圆满完成各项施工任务便显得尤为重要，健康管理也便成了 HSSE 管理中的重中之重。

阿尔及利亚大清真寺项目总承包方本着"以人为本"的原则，以为员工打造舒适、和谐的工作生活环境为目的，主要采取了以下健康管理措施：

（1）改善员工工作、生活条件，减轻员工各种压力

对员工饮用的水，全部经过净化处理，并到当地检测机构检测，微生物、矿物质、微量元素等数据均达标后，方可饮用[71]。此外，项目部定期更换石英砂、渗透膜等设施，持续保证净化水的质量合格。在现场温度高时，及时为员工配发防紫外线太阳镜、口罩、围巾、防晒霜、夏季薄料衬衣等防晒用品，提供足够的饮用水或足够的消暑降温的饮料（绿豆汤或专用消暑饮料等），并配发"十滴水"等防暑急救药品。项目部根据工种，合理调整工作时间、工作场所位置实现防暑降温。

（2）积极开展体育活动，增强员工体质

项目部建立了篮球场、乒乓球室、跑道等体育锻炼设施，方便员工在业余时间选择自己喜爱的体育项目进行锻炼。并在元旦、春节、劳动节、国庆节等节日期间，组织员工开展篮球比赛、足球比赛、乒乓球比赛等，促进员工身心健康，降低健康风险。并与当地医院建立良好的互助关系。

（3）关注员工心理健康，改善工作软环境

由于现场工作环境艰苦、危险，工作压力大，生活单调枯燥，常年与家人分离，思念亲人等原因，项目部员工不免出现神经衰弱、抑郁症、焦虑症、强迫症、孤独症等多种的心理疾病[72]。在心理健康管理方面，本项目采取了以下措施：定期进行员工心理健康问题评估，加强对重点人群的心理监测，预防心理危机事件的发生。聘请国内知名专家到现场，开展心理健康培训服务，面对面地答疑解惑，进行心理疏导。利用节假日，组织开展形式多样的文娱节目，丰富员工的生活，提高其生活品质。

（4）重视传染病预防工作，强化员工健康意识

加强项目驻地和食堂卫生管理，开展传染病防治知识宣传教育，提醒员工经常洗手，不要触摸脸部，不要分享饮料、食物或共用餐具。减少与当地陌生人接触，不去营地以外的地方就餐。在突发传染病时，项目部立即采取有效措施，防止疾病传染[73]。若发现当地雇员有类似患者，尽可能安排其休假治疗。

14.2　安全管理

实施施工过程的安全管理通常需要遵从以下原则：

（1）坚持"安全第一、预防为主、综合治理"的方针，建立全员参与、安全部门监管、劳务队自律的机制。落实安全生产组织领导机构、落实安全管理力量、落实安全生产报告制度，确保安全生产责任到位、投入到位、培训到位、基础管理到位和应急救援到位。

（2）按照不同的工种，对工人进行针对性的教育、增强工作人员的安全意识，工作中做到不伤害他人、不被他人伤害。强化工作人员的危机感，对易出问题的工序、节点实行严格的旁站监管，落实好现场的安全防护工作。

（3）同时做好安全预案。根据不同施工阶段中安全风险的大小，分别编制安全生产事故应急预案、专项应急预案和现场处置方案，告知相关人员紧急避险措施，并定期组织演练。

14.2.1 施工安全管理

1）安全管理体系

项目根据生产需要建立了以项目经理为安全生产第一责任人，项目副总经理为分管安全工作责任人和安全负责人为安全监督责任人的安全管理体系，同时安全负责人担任项目安全协调工作，负责对安全问题与监理、业主及外部沟通。现场各区域设置专职安全员，负责本区域所有安全管理工作。图14-1为大清真寺项目安全管理体系。

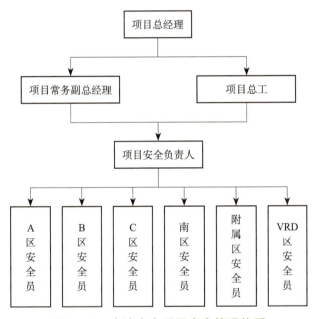

图14-1　大清真寺项目安全管理体系

2）安全管理体系的变迁

清真寺安全管理体系随着施工阶段的不同有所变化，前期以土建生产为主，安全监督隶属土建部，具体监管土建施工阶段的安全生产。安全管理人员分配到各区域经理部监管区域安全生产，安全员接受区域经理部和安全部双重领导。

随着工程进展发生转变，各专业分包工作的插入，项目组织构架重新调整，项目层面成立安全部，安全部从土建部独立出来，对项目各施工环节进行安全监管，项目安全管理实行"二级管理三级控制"，二级管理是指项目部和区域经理部（部门），三级控制是指项目部、区域经理部（部门）、分包单位。

由于后期抢工，管理人员的不足，因此适时将专业分包专职、兼职安全员纳入总包安全部统一管理，并在各区域设置安全巡查大队，对各类不安全行为和不安全状态进行巡查监督。

3）属地化安全管理

属地化管理人员和工人的安全管理，通过加强教育、设置中法阿三语标识、属地化安全员巡逻等措施保障。

（1）加强教育

通过法语版的安全交底，由属地化安全工程师学习我国的做法，通过班前喊话、每周开展安全教育会的形式对现场所有的属地化工人，以分包为单位进行管理。

（2）设置中法阿三语标识

现场所有标语、标识标牌均采用中文、法语、阿拉伯语三种语言提示。

（3）属地化安全员巡逻

各区域配置属地化安全员，由总包安全部对属地化安全员进行定期培训，将现场常出现的安全违规行为和措施的不安全状态打印成照片，带到现场进行检查和管理。

14.2.2 营地安全管理

在一个社会治安欠佳的地方从事建筑工程项目工作，营地安全管理也异常重要。

大清真寺项目由于体量巨大，包含1个大的施工现场和2个生活营地。现场临时围墙长达3km，营地围墙长达4km。前期经常发生偷盗抢劫事件，特别是在项目开始进行 VRD 施工、临时围墙由于工作拆除后的阶段，社会闲杂人员可轻易翻过临时围挡进入施工现场及生活区，对项目生产和生活造成了极大的威胁。因此一个好的营地安全管理是保障项目顺利实施的必要条件，本项目在营地安全管理方面，主要采取了以下措施：

（1）向当地政府寻求帮助，与附近警局建立联系，经常邀请警察到现场巡查，发生偷盗抢劫事故第一时间报警，协助警方破案。

（2）请求公司法务部配合，对被捉拿归案的嫌疑人进行起诉，起到杀一做百的作用。

（3）各出入口均配置不少于6人的保安组，实行三班制。每一组均必须配置一名中国保安。并在各出入口设置电动车巡逻队，发现异常情况互相警告。

（4）对所有属地化工人和第三国工人均采取工牌制度，严格实行进出施工现场登记制度、车辆进出发牌登记制度。

（5）组建由 10~20 个中国工人和属地化工人组成的安全巡逻队夜间巡逻，发现异常人员立即盘点，对正在进行的犯罪行为立即制止并追捕犯罪人员。

14.3　工程保险

工程保险是承保建筑安装工程期间一切意外物质损失和对第三人经济赔偿责任的保险。一方面，它有利于保护项目所有人的利益，另一方面，也是完善工程承包责任制并有效协调各方利益关系的必要手段。

14.3.1　种类及定义

阿尔及利亚法律规定的工程项目所购买的保险险种主要为三类：工地全险、第三方民事责任险及十年责任险。其定义分别如下：

（1）工地全险

指承包商或业主为工程本身、永久设备、材料及承包商文件而办理的保险。

（2）第三方民事责任险

指工程实施过程中，为可能损害项目以外的财产或造成人员伤亡而办理的相关保险。

（3）十年责任险

即建筑工程终验接收后，承包商向业主提供一份关于本工程项目 10 年期限内，为工程项目的结构安全责任（包括地下地质原因造成的结构毁坏）及建筑防水安全办理的保险。

14.3.2　办理所需资料

对于工地全险、第三方民事责任险，需准备以下资料：

（1）事业部批准的保险办理申请表；

（2）工程合同复印件；

（3）施工组织计划；

（4）工程合同金额价格拆分表；

（5）保险公司要求的其他文件。

对于十年责任险，针对大型的公建项目，保险公司可能还会要求提供第三方独立技术监测机构开具的检测报告和在关键建筑单体设置安装监控设备等。

因阿国当地国营保险公司（如 CAAR、CASH）、国营再保险公司（CCR）财务实力有限，故无法单独对在阿国大型项目（如新机场项目、CIC 国际会议中心、大清真寺项目）进行工地全险、第三方民事责任险和十年责任险的再保，也无法承担相关风险。通常情况下，当地保险公司都会寻求欧洲大型再保公司 SCOR、SWISS RE、MUNICH 等对某个项目联合投保。

大清真寺项目规模大、结构特殊、施工复杂，且为中国承包商建造，欧洲国际再保公司为加深对该项目的风险认知，并加强风险管控，故提议第三方独立技术监测机构 SOCOTEC 从早期就开始对该项目的设计、施工进行监督检查，并开具相应的 RD0 报告（技术风险报告）、RD1（特殊基础报告）、RD6 报告（工程结束报告）、审计报告及视察报告，以作为投保前必须提交的资料文件。

14.3.3　保险索赔流程（以工地全险为例）

项目一旦出现火灾、地震等事故，事发紧急，保险公司未必能第一时间来到事故现场，为保证后期索赔顺利进行，项目相关人员需要按照以下步骤和流程进行索赔：

（1）第一时间拨打电话联络保险公司，让其派人速来事故现场；如恰逢周末，保险公司无人应答，应即刻发送事故申报邮件。

（2）准备相机、手机拍摄现场照片，并保证消防局、警察局等权威机构的车辆或人员入镜；多方收集项目人员手中关于事故的相关照片。

（3）带领保险公司委派的事故鉴定专家来现场拍照取证。

（4）和事故鉴定专家确定保险索赔所需的必需文件品类，后期着手准备。

（5）搜索并准备事故损失的材料、设备等对应的进口费用文件（发票、提单、关税单、关税支付支票记录、清关代理费发票等）复印件。

（6）索赔文件准备齐全后，和保险公司委派的事故鉴定专家仔细核对物料损失清单，谈判后确定最终索赔金额。

（7）等待事故鉴定专家出具事故鉴定报告。

（8）事故鉴定报告出具之后，向保险公司索要赔偿金。

阿国当地保险公司索赔流程较长，且不会主动推动索赔事宜，因此，需项目相关人员紧密跟踪相关事宜，主动推进。

14.4 环境管理

随着各国对环境保护的要求越来越严格，海外项目对于项目运作的环境管理的要求除了遵守环境各项要求外，还要遵守当地的法律法规。环境保护已经成为海外项目履行社会责任，提升形象的战略性任务，通过分析、判断项目施工过程中环境保护面临的问题和形式，查找隐患，找出问题的关键，从而达到预防、治理、消减各类环境风险的目的[75]。本项目围绕大气污染、水污染、噪声污染分别采取了相应措施。

14.4.1 大气污染的防治

项目在施工过程中遵循当地法律的规定，对土方施工过程中的扬尘采用洒水降尘的方式，减少对周边群众的扬尘污染。

同时在场区进出口设置洗车槽，方便渣土车清洗车轮，避免对外部交通要道造成污染，项目选择了具备当地土方运输资质的土方承包商进行项目土方的外运施工，并要求其将废弃物弃置到指定的合法位置。

14.4.2 水污染的防治

项目的废弃水经过当地相关部门验收后进行排污。首先通过沉淀池将污水进行沉淀后，清水通过排污管道排入市政污水管，沉渣定期要求当地环保部门进行废弃物抽除。

14.4.3 噪声污染的防治

采用低噪声设备和工艺，在声源处安装消声器消声，并严格控制人为噪声。为处于噪声环境下的人员发放耳塞、耳罩等防护用品。现场的强噪声设备搭设封闭式机棚，尽可能远离居民区。严格按照当地的建筑施工噪声限值要求施工。

14.5 本章小结

本章从 Health（健康）、Security（公共安全）、Safety（安全保障）、Environment（环境）四个角度对大清真寺项目现场安全环境管理体系进行了全面的介绍，主要结论包括：（1）HSSE 管控是项目顺利推进的保障和基础，其根本是承包商自身的管控。既要实现利益最大化又要达到安全生产的目的，还要受到我国及工程所在国的双重法治约束。（2）在国际工程中，HSSE 管控需要根据工程所在国具体环境因地制宜，但都是围绕保障人权、保障安全为核心，从完善管理体系、制定管理制度、加强安全教育、提升管控意识、落实劳动保障等方面展开工作。

第 4 篇
成果保障篇

第15章
大清真寺项目财务管理

随着项目管理的广泛应用，财务在项目管理中的监督和控制作用也逐渐凸显[75, 76]。项目财务管理，主要是处理项目管理中的有关经济问题，通过科学的合理调控，让资金得到合理的配置，从而减少不必要的资金损耗，提高企业项目的综合效益[77, 78]。在项目的管理过程中，由于财务管理直接与企业的经济效益挂钩，影响着项目开展的最终效益[79]，因此项目过程中的财务管理工作尤为重要。

15.1 资金管理

15.1.1 资金申请计划

1）资金申请计划编制

资金申请计划主要包括集中采购资金计划、专业部自行采购资金计划、职能部门资金计划和总分包资金计划，具体详见表15-1。

大清真寺项目资金申请流程表　　　　　　表15-1

资金申请计划	编制流程
集中采购资金计划	由各专业部门相应区域负责编制提交集中采购物资计划，详细填写采购材料名称、计量单位及数量，并交区域经理、专业部门经理签字，然后交至采购部门。采购部收集并填写相应材料的单价，汇总编制资金计划表提交至合约商务部，该表编制好后需由采购部门经理审核签字
专业部自行采购资金计划	由各专业部门负责编制提交至合约商务部，该表编制好后需由本部门经理和主管副总审核签字
职能部门资金计划	由各职能部门负责编制提交至合约商务部
总分包资金计划	由分包单位自行编制提交至部门资金负责人处，该表填好后需由分包项目经理签字、盖章，区域经理审核签字、专业部门经理审核签字。每月第一周周五资金汇报会上决定各分包的本月后三周至下月第一周的资金额度，分包在确定额度后，在额度范围内上报资金计划

2）拨付原则

月度资金拨付上限＝上月产值×（当地币比例−5%−累计甲供材料扣款/累计产值）。其中：5%为保留金比例；累计甲供材料扣款仅为按图纸结算的甲供材。

当累计当地币超付时（当地币资金状况为负），则资金按正常利息（即7%）签订借款；当累计当地币未超付时（当地币资金状况为正），则资金正常拨付，不需要签订借款协议。

分包商申请本月拨付外的资金，需要提交报告说明用途、材料用量、单价（总价）、材料供应商名称；支票领用单需要附上形式发票复印件或者发票原件复印件，且支票领用的科目明细与报告内容一致；现场区域工程师需要对到场材料进行核实，在材料到场之前，暂不拨付下批资金。

劳务分包资金计划的操作流程同"总分包资金计划"。

月度现金拨付原则＝0.8万DZD×上月劳务分包人数（工人和管理人员）+必须零星采购的资金。当累计当地币超付时（当地币资金状况为负），则资金按正常利息（即7%）签订借款；当累计当地币未超付时（当地币资金状况为正），则资金正常拨付，不需要签订借款协议。

首次进场的劳务分包启动资金均为100万DZD，100万内签订无息借款；100万以上为7%的有息借款；有预付款保函的按保函额度正常支付。

3）资金申请计划提交

每年年初或项目初期提交部门/项目年度资金计划表，过程中如有调整，经项目总经理审批后重新提交；每月25号提交下月月度资金计划表；每周五提交下周资金计划表，计划的提交分为两种情况：本项目自身账户有资金时，周资金计划于周五报至合约商务部，同时应附上计划表中申请金额对应的形式发票，零星采购可不附但其总额不得超过200万DZD。项目自身账户出现置空时，周资金计划于周五报至合约商务部，此时不需要附上形式发票，但计划金额与实际使用金额误差不得超过10%，否则下周需附上正式发票才可申请额度。

办理形式发票需要的账户信息及本项目账户置空与否均由项目财务资金部提前告知各部门。各部门必须按照上述规定认真、准时填写相关资料（名称、单价、数量等信息），逾期未报将视为下月/下周不需要资金，如遇节假日，应提前至节假日开始的前一天。原则上，资金申请每月限一次，月中不予调整，如遇特殊情况，需提交部门资金计划调整报告，经项目常务副总经理审核，项目总经理批准后方可执行。

15.1.2　资金计划审批

1）月资金计划审批的原则

（1）每月资金申请额度需控制在"年度资金计划表"中每月预算的资金计划内；（2）实际资金使用情况：根据各部门、各分包单位已拨付未使用资金状况，控制本月资金审批额度；（3）实际成本分析：根据各部门、各分包单位实际收支情况及已完成产值和实际结算对比情况，控制本月资金审批额度；（4）核销入账情况：（5）根据实际拨付与实际核销入账情况，考虑本月资金审批额度；（6）其他与资金审批有关的数据分析或文字说明。每月资金审批将根据上述原则和提交的月度资金计划表综合考虑。

2）周资金计划审批的原则

周资金申请总额度需控制在"月度资金计划表"额度之内。其他同月资金计划审批原则。每周资金审批将根据上述原则和提交的月度资金计划表综合考虑。

3）资金计划额度确定

合约商务部按照上述原则，经过审核修改后汇总形成项目最终月度资金额度与周资金额度，经项目常务副总经理审核，项目总经理审批后确定；月资金额度的确定须在每月第一周周日完成，周资金额度的确定须在每周日完成。

15.1.3　资金拨付

根据每月计划总额度及分公司实际资金拨付情况，按周分批拨付；由合约商务部下发各部门及各分包单位资金拨付审批表。

自营工程由各部门填写支票领用单提交财务部，经财务部汇总，由合约商务部审核签字后，去经理部办理支票。各分包使用财务系统录入《分包支票领用单》或《分包对外付款单》，完成相应流程后，自行去经理部办理支票。各部门及各分包单位根据下发的"资金拨付审批表"中的额度使用资金，其中中国分包额度由分包自己领用、核销，当地或第三国分包额度由各部门资金负责人领用支付及核销，并做好分包支付台账。

每周拨付的资金必须在本周四之前领取，否则余额将作废，且每周五由项目财务部向合约商务部反映各部门周实际使用额度；资金使用后应严格按照"分公司财务核销制度""项目成本费用报销制度"以及其他相关制度执行。

15.1.4　其他支付、核销

其他支付主要指不经过项目审批或申请资金，在项目外直接进行支付的所有费用支出，如增值税、营业税、工资税、管理人员工资、机票费、分公司直接办理的人员证件费等。其他支付费用的核销须经过项目相关部门确认后才能进行。

15.1.5　申请借款

根据项目收支分析，确定分包单位无可使用资金额度时，可以申请借款。如分包合同中另有规定，则参考合同条款执行；申请借款时，应提交申请借款的报告，经审批后签署借款协议。申请借款的分包单位应详细阐述理由，并向相关部门提交借款申请，此申请经相关部门经理审核同意后报项目合约商务部，由合约商务部报经项目常务副总经理审核，项目总经理批准后方可执行，借款合同参考分公司借款合同执行。

15.2　税务策划

各国税收政策和制度有很大差异，主要难度在于企业对各种税种政策的掌握程度，因为很多国家或地区的关税、增值税、所得税等税目较为复杂，各种税种的政策把握和征收方面存在一定风险，因此海外企业做好税务策划，规避税务风险，是海外工程项目商务管理及财务管理的重点之一[80-82]。下面首先简单介绍一下阿尔及利亚税收制度。

15.2.1　阿尔及利亚税收制度

阿尔及利亚存在两套税制：定额税制和普通税制。年营业收入不超过 3000 万 DZD 的纳税人，可以自行选择适用定额税制。适用定额税制的纳税人根据营业收入乘以适用税率，或按照主管税务机关核定的金额申报缴纳定额税，同时免除企业所得税、增值税和营业税的纳税义务。除选用定额税制的纳税人外，其他纳税人均适用普通税制，履行全面纳税义务。

15.2.2 阿尔及利亚主要税种

1）增值税

阿尔及利亚增值税为价外税，是以纳税人在生产、经营过程中形成的增值额为征税对象的流转税。税率分为 19% 的一般税率和 9% 的低税率，采用间接法计算各期应交增值税，执行凭票抵扣制度，阿尔及利亚申报抵扣进项税，需要取得正式、合规的增值税发票或其他法定抵扣凭证（如海关进口增值税缴款书）。申报抵扣的增值税发票无需进行认证。增值税发票不存在政府制定的统一模板，但应当满足当地法律要求的发票形式、法定要件齐全。增值税发票的申报抵扣时限为发票日期的次年 12 月 31 日。逾期未申报的增值税发票，其进项税不得抵扣。值得注意的是，存在很多进项税不得抵扣的情形，例如现金支付金额超过 10 万 DZD 的增值税发票，其进项税不得抵扣；应税行为是提供服务的（包括提供工程施工服务），纳税义务发生时间为实际收款日。

2）营业税

营业税的计税依据是纳税人取得的应税营业收入，在阿尔及利亚境内从事生产、经营活动的单位或个人均为营业税的纳税义务人，营业税税率分为三档，其中：普通税率为 2%；油气运输业适用 3% 的高税率；制造业适用 1% 的低税率。

3）个人所得税

阿尔及利亚的个人所得税采用分类征收制。个人所得税的纳税义务人分为居民纳税人和非居民纳税人。

4）企业所得税

阿尔及利亚企业所得税税收管辖权采用属地原则，仅对纳税义务人来源于阿尔及利亚境内的所得征税。境外企业从事一项经营活动，同时从阿尔及利亚境内和境外取得收益的，应当分别进行会计核算，确定来源于阿尔及利亚境内的应税所得；未分别进行会计核算的，应根据营业收入的比例对应税所得进行分摊。企业所得税应纳税所得额等于纳税人取得的收入总额减去准予扣除的费用。收入总额指纳税人在生产、经营过程中取得的营业收入、政府补助及其他收入。税率方面，制造业适用的企业所得税税率为 19%；建筑业、旅游业适用的企业所得税税率为 23%；其他业务适用的企业所得税税率为 26%。纳税人同时经营不同税率的业务时，应对各业务单独进行会计核算，分别计算企业所得税应纳税额。纳税人未单独核算的，各业务均按照 26% 的最高税率计算企业所得税。

除去上述税种，阿尔及利亚还有缴纳奢侈车辆税、继续教育税与学徒税、银行背书税等。

15.2.3　阿尔及利亚境外企业税收制度

境外企业在阿尔及利亚适用的税收制度包括普通税收制度和源泉扣缴制度。适用于普通税收制度的境外企业，在税法上视同于阿尔及利亚当地企业，应当在当地办理税务注册并承担全面纳税义务。适用于源泉扣缴制度的境外企业，无需在阿尔及利亚办理税务注册，由实际付款方源泉扣缴企业所得税。

境外企业在阿尔及利亚境内设立常设机构的，适用普通税收制度。境外企业未在阿尔及利亚境内设立常设机构的，需要根据与境内单位签署的合同内容确定适用的税收制度。阿尔及利亚税法规定的常设机构是指境外企业在阿尔及利亚境内独立经营所设立的子公司、分公司或其他经营场所（工地、办公地点、住所等）。境外企业所在国与阿尔及利亚存在已生效的国际税收协定的，常设机构的确认标准应当遵从税收协定的规定。

根据中阿双边税收协定，中国企业自阿尔及利亚取得工程施工、安装服务、监理服务性质的收入，在阿尔及利亚境内实际派驻期间不超过 6 个月的，或自阿尔及利亚取得设计服务收入，未在阿尔及利亚境内派驻的，视为未在阿尔及利亚设立常设机构，该企业自阿尔及利亚取得上述业务的营业利润仅在中国进行征税。超过上述期限的，视为在阿尔及利亚存在常设机构，中国企业自常设机构取得的营业利润应在阿尔及利亚进行征税。

15.2.4　税务策划

如前面所述的，境外企业在阿尔及利亚企业所得税应纳税所得额等于纳税人取得的收入总额减去准予扣除的费用，准予扣除的费用就是项目或企业税务策划的重点。

阿尔及利亚国家规定准予在企业所得税税前扣除的费用应同时满足下述条件：（1）该费用与企业正常生产、经营活动有关；（2）该项经济业务真实发生，并取得有效凭证；（3）该项经济业务导致企业净资产减少；（4）在正确的会计年度内进行核算。

不得扣除的费用包括：（1）与企业正常生产、经营无关的房屋、建筑物产生的各项费用；（2）单价在 500DZD 以上，用于业务宣传的礼品；（3）公益性捐赠的年捐赠金额在 100 万 DZD 以上的部分，和其他非公益性的捐赠；（4）与企业正常生产、经营无关的业务招待费、餐饮费和酒店费用；（5）行政罚款。不得扣除的费用特殊规定，例如：（1）现金支付金额超过 30 万 DZD 的发票，其费用不得扣除。（2）非营业性车辆产生的维修保养费用和配件费用不得扣除。（3）企业缴纳的车辆奢侈税不得扣除。（4）企业向境外单位支付的技术咨询费用、财务费用和会计费用，不超过管理费用的 20%，且不超过营业收入 5%（设计院和工程咨询公司为营业收入的 7%）的部分准予扣除。

税收优惠包括法定免税项目、阿尔及利亚国家投资促进局（ANDI）免税项目和其他税收优惠。法定免税项目是指根据阿尔及利亚税法规定，从事农业、军事、艺术等特定业务的企业免征企业所得税。国家投资促进局（ANDI）免税项目是指纳税人在阿尔及利亚进行投资的，在国家投资促进局批准的免税期内，享受企业所得税免税待遇。其他税收优惠是指阿尔及利亚税法规定的其他与区域开发、促进就业、小微企业、股票交易等有关的税收优惠政策。

要积极与当地税务部门沟通，了解项目所在地或国家针对这个项目有哪些优惠政策可以执行等信息，充分利用中国出口退税优惠政策，做好"免、低、退"，以取得最大额度的税收减免，降低企业税负。

15.3　本章小结

财务管理是工程项目实施的命脉。一方面，要完善资金管理制度，建立资金申请计划、资金申请审批、资金拨付、支付和借款等制度，保证资金使用的规范性和合理性。另一方面，相比于国内的税务策划，海外工程税务策划更为复杂，需要查阅大量资料，准确掌握项目所在地或国家的税收政策、法规，是否与中国签订税收双边协定以及双边协定的内容，当掌握这些情况后，在合法的前提下，合理筹划税种计征，尽量利用税收优惠政策，减轻企业税负 [83]。

第16章
大清真寺项目合同管理

合同管理是工程项目管理非常重要的组成部分。合同管理与计划管理、成本管理、质量管理、财务管理、信息管理等共同构成工程项目管理系统。现代社会是合同社会，一个企业的经营成败与合同和合同管理有密切的关系，合同是建筑企业在工程施工过程中的最高行为准则，工程施工过程中的所有活动都是为了履行合同内容[84]。有效的合同管理是促进参与工程建设各方全面履行合同约定的义务，确保建设目标（质量、投资、工期）实现的重要手段[85，86]。因此，必须十分重视合同和合同管理，加强合同管理工作对于建筑企业以及业主都具有重要的意义。

16.1　国际工程合同

16.1.1　国际工程合同分类

国际工程合同，是指一国的建筑工程发包人与他国的建筑工程承包人之间，为承包建筑工程项目，就双方权利义务达成一致的协议。国际工程承包合同的主体一方或双方是外国人，其标的是特定的工程项目。合同内容是双方当事人依据有关国家的法律和国际惯例并依据特定的为世界各国所承认的国际工程招标投标程序，确立的为完成本项特定工程的双方当事人之间的权利义务。

合同的功能在于控制各方的行为、协调各方的工作、对未来履约过程中可能出现的变化给出恰当的应对计划。因此，国际工程合同管理就是对合同的签订、履行、争议的解决进行全方位、全过程的管理，目的是保证合同的恰当履行，保证自己一方的合法利益。合同管理的主要任务是：在签约之前，要对招标文件进行细致研究，识别其中的合同风险，并将此作为确定报价中风险费的基础；在履约期间，就是要对另一方的相关通知和指令做出分析，分析其是否符合合同规定，识别哪些是纠偏指令，哪些是变更指令，哪些事件的发生可以获得索赔权，并按程序及时向对方提出索赔；若发生争议，则准备和整理相关资料，编制相关文件，参加相关谈判，并按合同约定的争议解决程序和机制来解决[8]。

国际工程合同主要包括设计合同、施工合同、劳务合同、采购合同等。

设计合同解决施工图纸问题，是保证采购和施工进度的前提条件。在合同内应对图纸质量、提交的进度、违约的处罚做出详细的规定，确保能够按节点完成图纸设计，为现场的施工及采购工作打下良好的基础。

施工合同，是业主（发包人）和承包商（承包人）为完成建筑安装工程、明确双方的权利和义务关系而签订的法律文件。遵照施工合同，承包商应完成业主交给的建筑安装工程建设任务。

劳务合同解决劳动力的问题，是保障施工进度的根本。选择一家有实力的劳务队签订劳务合同，在合同中重点对工期节点、劳动力保障措施进行明确的约定。

采购合同解决材料设备的问题，可以直接向厂家采购或者向大型、有实力的代理商采购，这样可以有效地保障材料、设备供给，保证现场的施工进度不受影响。

16.1.2　合同计价类型

合同价格是承包商最为关注的条款之一。无论对于总价合同，还是单价合同，合同价格往往只是一个暂定的价格，因为在合同的执行过程中，总是会存在一些价格调整因素，工程结束时会有一个"实际价格"，即工程最终结算的价格。合同的价格与合同的类型有密切关系，根据合同计价方式的不同，一般包括总价合同、单价合同和成本加酬金合同三种模式。业主根据实际情况会选择不同的合同模式。

总价合同一般适用于设计图纸齐全、工程内容和技术经济指标规定很明确的项目，其优点是利于工程管理，合同签订后管理人员的主要精力可用在质量管理，减少工程变更，利于投资控制。缺点是招标投标周期长，竞争不充分时工程报价偏高，合同制订不完善容易引起扯皮。

单价合同适用于在施工图不完整或当准备发包的工程项目内容、技术经济指标尚不能明确、具体地予以规定时所采用。其优点是招标投标周期短，在不能精确地计算工程量的情况下，可以避免发包方或承包方任何一方承担过大的风险，其缺点则是由于合同留下大量变动的空间，使得承包方乐于寻找造价增长的空间，给发包方的管理提出更高的要求，如无相应的管理水平，则容易造成投资失控。

成本加酬金合同模式主要适用于工程内容及其技术经济指标尚未全面确定，投标报价的依据尚不充分的情况下，工期要求紧迫必须发包的工程；或者发包方和承包方之间具有高度的信任，承包方在某些方面具有独特的技术、特长和经验的工程。这种形式合同一方面发包方对造价不能实施有效控制，另一方面，承包方对降低成本也不太感兴趣，使得该种形式合同使用的范围极其有限。

16.2 阿尔及利亚合同法相关规定

16.2.1 公共合同法介绍

相比其他国际工程，在阿尔及利亚承接的绝大部分工程须遵照《阿尔及利亚公共合同法》。该法规对涉及的施工合同、供货合同、设计合同及服务合同等做出了较为详细的说明，包括合同签署方式、候选人资质、合作方的选择、合同内容、合同价格、支付方式、补充合同、合同解除、争议解决等，这一点与我国《政府采购法》截然不同。我国《政府采购法》只是规定了政府采购的程序，更多从程序上保障政府资金的合法使用，但对于具体合同条款却没有做出规定，而是留给了《民法典》，这也就意味着当事人只要在不违法的前提下可以自由协商。

《阿尔及利亚公共合同法》从全文来看，更多是为了规范政府采购的程序和流程，包括公共合同法的适用范围、招标的方式和程序、合同内容及申诉与争议解决等方面，对使用政府财政预算资金采购工程、物资或服务等各方面做出了较为详尽的规定。这些内容正是政府采购法律一般应包含的条款。与其他国际通用合同法不同的是，《阿尔及利亚公共合同法》还设置了"合同委员会"（国家工程合同委员会、国家供货合同委员会、国家设计及服务合同委员会）对合同文件进行审查，未经过合同委员会审查通过的合同文件，即便双方签订了合同也不生效。另外，合同内的规定不得违反公共合同法的规定，否则无效并予以相应制裁。由此可见，《阿尔及利亚公共合同法》带有浓重的行政管理的味道，这也是它的第二个属性，即行政性。从该法对争议解决的规定也可见一斑，有了争议，可以首先去找合同委员会进行调解，然后去法院解决，当然也可以直接去法院，但是根据阿尔及利亚1964年的行政条款规定（CCAG），这个争议归属法院的行政法庭管辖，而不是民事庭或商业庭。

《阿尔及利亚公共合同法》适用于政府部门和公共机构签约的金额不低于1200万DZD的一切工程或供货的公共合同，以及金额不低于600万DZD的设计或服务的公共合同。因此大清真寺项目合同也在该法规的约束范围内。

16.2.2　价格现实化与调整的规定

阿尔及利亚的工程施工合同中，合同的签订方式均是根据 2015 年 9 月 16 日发布的 15—247 号总统令即《阿尔及利亚公共合同法》签署的，任何合同条款均是以该总统令为原则的。价格调整与价格现实化相关条款亦是如此。

《阿尔及利亚公共合同法》对价格调整、价格现实化的相关规定：

如果截标日期和开工令日期之间的期限大于投标准备期限加 3 个月，并且在经济形势需要的情况下，可以根据合同中规定确定价格现实化的额度，但通过简单议标签订的公共合同不能被现实化。

对于价格现实化，重点体现的是两个关键时间点：报价有效期截止日期和开工令下达之日。这段时间是可以进行价格现实化的。

进行价格现实化，通常有两种方式：一是通过公式实现，该公式类似于价格调整的公式，公式的订立参照价格调整。但在实际实施过程中，我们极少采用公式法，一方面因为阿国官方物价指数严重滞后；另一方面，采用公式调整可现实化的比例较小，达不到承包商预期，因此采用第二种方法：整体比例调整，即和业主协商一个固定的比例，对承包价格整体调整。

《阿尔及利亚公共合同法》中有一项条款对于承包商较为有利，即"在延误且延误并不归咎于承包商的情况下，可以同意在开始履行合同时进行价格现实化。这些条款同样适用于按照固定价格和不可调整价格签订的合同"。在遇到项目延期时，可以及时利用这个条款与业主协商价格现实化问题，以期增加合同价格。

16.3　合同内容

16.3.1　合同条款综述

大清真寺项目主合同文件是《阿尔及利亚公共合同法》中提到的"施工合同"，其受到《阿尔及利亚公共合同法》的约束。

主合同的主要组成及优先解释顺序如下：

（1）投标函

（2）投标声明

（3）廉洁声明

（4）卷Ⅱ：特殊条款说明书（CPS）和附件：

①良好理解声明

②投标人授权

③投标保函

④总价和包干价明细

⑤单价表

⑥投资承诺声明

（5）施工文：EXE 图纸

（6）卷Ⅵ：补充文件（参见卷Ⅰ第 1.12 条）

（7）卷Ⅲ-a：施工一般条件说明书

（8）卷Ⅲ-b：一般技术说明书

（9）卷Ⅲ-c：特殊技术说明书

（10）卷Ⅴ-b.01：鉴定

（11）卷Ⅴ-b.02：项目前期的详细图纸和资料文件

（12）卷Ⅰ：投标人须知

（15）卷Ⅳ：投标人提供的文件

由以上可以看出，主合同文件共分为六卷，其中卷Ⅰ为投标时的澄清，卷Ⅱ为特殊条款说明书，其对主合同的术语定义、一般条款、合同价格及支付方式、保函保险、工期、补充合同、双方责任和义务、工程的移交及验收、质保期、工程的中止、停工、不可抗力、争议的解决等做了明确的规定。卷Ⅲ，则分为 a～c 三个部分，这三者是互相关联、不可分割的，是整个项目施工参考的规范、技术标准，是验收标准的参照。卷Ⅳ～卷Ⅵ则为前期地质勘探资料、项目前期图纸资料、技术澄清、补充说明文件等。其相互补充，构成了大清真寺项目主合同文件。

16.3.2　合同价格及支付方式

1）合同类型

《阿尔及利亚公共合同法》规定的合同类型有：总价合同、单价合同、成本加酬金合同（审查开支合同）、混合价格合同，并且建议签约机构优先采用总价合同的方式进行签署。

合同价格中需要关注的另一个问题是汇率。我们的合同中一般会有一定比例的外汇，由于业主合同计价货币通常采取当地币（如阿尔及利亚的第纳尔币种），而外汇部分支付货币为美元或欧元，这就涉及汇率问题，应认真分析并做好汇率风险的规避。在国际工程中，往往会涉及多个币种，各种货币间的汇率差异对成本影响比较大，因此应该尽可能争取国际通用的美元或者欧元计价。如无法满足，则应尽可能提高外汇比例或者采用固定汇率。

大清真寺项目主合同为固定总价合同，价格不可调整，不可现实化。合同币种为阿尔及利亚第纳尔（DZD），支付币种为第纳尔（DZD）和欧元（EUR）。阿尔及利亚属于外汇管制国家，因此，合同中的当地币部分无法直接转为外汇。

2）支付方式

支付方式为临时支付，按月结算，按照主合同附件 08 总价包干价明细（DPGF）分项，DPGF 是根据合同总价及外汇比率，对整个项目各个楼栋单体及 LOT 项次，将合同总金额进行拆分。

每个月的支付必须要有监理或业主对承包商已完工程的签字确认单，也称为施工日志，法语译为 attachements，根据施工日志来制作工程报表，法语译为 situations，将在 16.3.4 节重点介绍大清真寺项目的报表收款流程。

16.3.3 设计变更处理流程

主合同中规定，任何工程和价格的变更需要用补充合同和工作令确定。而大清真寺项目在实际实施过程中，业主对变更要求极为苛刻。首先，必须要由承包商以书面的形式递交，并附上变更估价表，待监理和业主收到变更申请后，由监理召开技术变更会议，对技术问题进行澄清，所有的变更只有得到监理和业主的正式同意后，才能执行。

为控制设计变更风险，承包商及时记录变更所引起的工程量及费用的增加或减少，以便在补充合同中进行索赔，确保承包商权利。大清真寺项目制定的设计变更管理流程如图 16-1 所示。

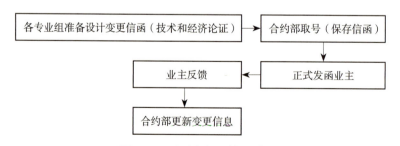

图16-1 设计变更管理流程

16.3.4 报表结算程序

《阿尔及利亚公共合同法》2015版第85条内容为："Toutefois, le marchépeut-prévoirunepériode plus longue, compatible avec la nature des prestations. Ce versement est subordonné à la présentation, selon le cas, de l'un des documents suivants:

（1）procès-verbaux ou relevés contradictoires de prise d'attachements；

（2）état détaillé des fournitures, approuvé par le service contractant."

第（1）点说明的是部分结算，即每月报表结算需要准备的材料，也就是"attachements"，而第（2）点说明的是材料预付款报表需要准备的材料。依据"attachement"编制"situation"主要分为准备阶段、核对阶段以及报送阶段，其流程如图16-2所示。

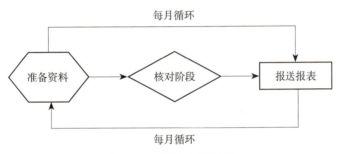

图16-2　报表结算流程

1）报表结算的准备阶段

报表结算的准备阶段，即申请付款阶段，业主一般会要求承包商提供现场施工完成工程量的证明性文件，包括承包商自检单，双方签字的现场纪要、试验报告，设备出厂证明，厂家指导安装的安装报告等等，也就是上面提到的"attachements"。这些资料的准备过程需要项目相关部门的配合，准备好"attachements"之后，依据现场完成的实际产值情况制作"le constat contradictoire"即"对审记录"。随后以正式发函的形式发给业主，并由业主简单审核后转送监理审核。

2）报表结算的核对阶段

报表结算的核对阶段，即监理和承包商核实付款情况的阶段，在核对过程中，监理往往会在后面的"observation"这一栏给出自己的审核意见，并在合同规定的时间审核完毕，将审核意见返给承包商，承包商在收到监理返还意见之后，将对监理的意见进行分析并与相关部门确认，并对审核情况有出入的地方再次和监理协商谈判，最终确定最后结算。报表核对阶段至关重要，直接影响到本月的结算金额。

但随着项目外部环境的变化，核对人员也发生了变化：2012 年 3 月～2015 年 9 月，先由德国监理负责，2015 年 9 月德国监理离场后，由业主负责核对，直至 2016 年 3 月，随后由新入场的法国监理 EGIS、业主 ANARGEMA 和 CSCEC 三方召开对审会议确定支付比例。

3）报表结算的报送阶段

报表结算的报送阶段，即为制作并呈送报表的阶段。报表的制作有相关规定，也有大体的模板，需要合约商务部人员细心完成并认真核对，确定无误之后制作报表并签字盖章，以发函的形式正式呈送业主，呈送报表需要将"attachements"作为附件一起正式发函报送。

4）报送后续跟踪阶段

（1）报表结算跟踪

报表呈送业主后，需要对报表的签字盖章情况进行跟踪，依据《阿尔及利亚公共合同法》第 89 条——签约机构必须在收到报表或发票之日起的 30 日内签发部分付款或余款的支付令。但对某些类型合同的尾款，可由财政部部长决议确定一个相对较长的期限。根据合同要求，业主在收到正式报表之后 30 日内完成支付，我方需要跟进的是业主从银行返还回来的付款令和保函减额。后续跟踪至关重要，签字的报表并不代表资金到账，要等到保函减额成功才算收款工作的阶段性结束。

（2）资金到账跟踪

资金到账跟踪，需要对接业主财务和我方财务，在业主在报表签字后，业主财务负责人会将报表以及相关资料拿到相应的银行办理相关手续，银行收到相应资料后会对第纳尔部分进行支付，并返还银行的付款令和保函减额。涉及外汇支付的部分需要办理转汇证明。承包商在收到业主返还的保函减额和转汇申请证明之后，依据这些资料去银行办理转汇证明，办理成功后将转汇证明发送业主，业主财务负责人负责将转汇证明及相关资料送达阿尔及利亚国家中央银行，银行依据转汇证明及相关资料进行外汇部分的支付。资金到账的跟踪需要跟进当地币和外汇部分的到账情况，一般而言，当地币部分会比外汇部分提前 2～3 周到账，外汇部分程序较复杂，所以到账较慢。具体到账时间取决于业主财务人员、我方财务人员以及银行工作人员的办事效率。

5）报表结算基本要求

大清真寺项目主合同规定："临时结算以恒定的 57% 的转汇比例和 43% 的不可转汇第纳尔比例按月支付。工程款的支付在遴选咨询阶段乙方制定的、甲方同意、代表甲方的设计方认可的付款计划基础上进行。此付款计划确定按月支付工程进度相应的金额。每次在甲方要求的时候乙方出示相应的金额。每次临时结算时应附有付款计划的复印件，说明计划进度和实际施工进度，以便分析差距。乙方根据这份计划，制定临时结算单，一式八份，在每个月的 1~5 日期间递交监理，监理应在 10 天内审批完毕。"经过梳理汇总得出以下信息：

（1）临时结算报表每月一次。

（2）工程款支付依托于三方确认的付款计划。

（3）结算过程中需要提交相关证明资料及复印件。

（4）承包商每月 1~5 日提交报表和相关证明资料。

（5）监理在 10 天内审核完毕承包商报表相关资料。

然而，在实际操作中，操作程序并没有严格意义上按照合同的规定进行，以下将会在案例中详细分析。

6）大清真寺报表结算演变

大清真寺报表结算的演变主要分为三阶段：监理审核阶段、业主审核阶段及三方会谈阶段。

（1）监理审核阶段

监理审核阶段是经过承包商、业主、监理三方讨论多次后确定的付款流程，原则上业主不参与工程进度的审核，全部由监理工程师负责。具体流程如图 16-3 所示。

图16-3 监理审核阶段流程

（2）业主审核阶段

2015 年 11 月，德国监理 KSK-KUK 彻底离场，至新法国监理 EGIS 入场，有 4 个月的空白期，在这个空白期间，经过承包商多次催促，业主总经理任命业主各楼栋负责人进行对审及报表的审核。这种以业主各楼栋负责人审核的阶段为第二阶段，具体流程如图 16-4 所示。

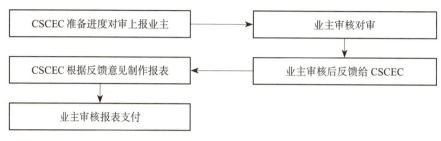

图16-4　业主审核阶段流程

（3）三方会谈阶段

2016年4月份，法国监理EGIS入场以来，CSCEC、EGIS及业主三方确定了更为便捷的收款流程，每月通过会议进行确定。具体流程如图16-5所示。

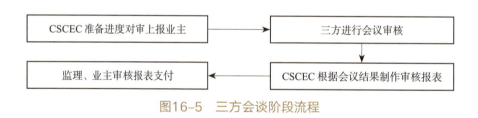

图16-5　三方会谈阶段流程

以上三个阶段的演变和外部大环境的变化息息相关，但各有优缺点，前期监理审核阶段，无业主的干预，对于进度比例的确认更为准确，收款金额较为及时。后期三方会谈阶段，有业主的参与，会议上监理的行为受到业主的束缚和限制，无法确认真实客观的形象进度。但前期审核阶段时间过长，报表收款往往滞后2~3个月，后期三方会谈阶段，大大缩短了确认进度的时间，提升了结算效率。

7）报表结算小结

对于国际工程而言，报表收款的流程一般是三个阶段，分别是承包商提交、监理审核和业主批复。在此过程中，为提高效率、缩短时间，各项目可根据实际情况灵活处理。除了报表收款流程，承包商与业主、监理确定报表的格式及报审文件也是极其重要的。对于大型项目总价合同而言，按照形象进度确定收款比例为常规方式。而形象进度的确立，却有多种方式，例如，可由承包商和监理对现场分项工程的进度视察后结合完成比例进行感官判断，如果双方存在争议，可以通过计算工程量或者工序难度进行判定。当承包商需要提供的资料较少时，此方式可避免监理或业主以缺少文件为由一直拖延对承包商的付款。

像大清真寺项目这类复杂工程，监理要求提供验收记录、不合格项消除记录等文件来支撑形象进度，这种情况下，监理或业主对文件的审核较苛刻，会降低收款的效率。再者，在确定工程量报表时，在承包商内部，可以将工程量报表细化到极致。但是对于收款提交的工程量报表，可不划分过细，以免使监理审核程序过于烦琐而极大影响收款效率。

16.4 分包商管理

16.4.1 分包商策划

国际招标项目的分包商策划一般分为标前策划和标后策划。对于有特殊工艺和产品性能要求，或属于专利产品的项目或分部分项的分包商，应进行标前策划。标前策划时，应与分包商就产品性能、价格、合同条款尽量达成一致，必要时可签订合作意向书。标后策划是指在项目中标后、实施初期进行的项目策划，应制订"项目策划分包方案"，确定分包项目、分包方式、分包商选择方式，并尽可能确定候选分包商名单。

对在投标阶段密切配合我方参与投标的分包商，应将该分包商名单体现在项目策划中。在具体组织分包商招标之前，须确定候选分包商名单。候选分包商应从公司经理部合格分包商名单中选择，原则上不少于3家，当合格名单中没有合适的候选者或业主有要求时，可在资质审查合格后将新的分包商纳入候选名单。候选分包商不得属于同一集团公司。在当地分包资源有限的情况下，部分项目视情况可采取独家议标方式，但事先应填写"独家议标审批记录"。

16.4.2 分包模式选择

分包模式的选择一定程度上会对项目的履约造成影响。一般情况下，海外大型项目分供商的分包模式一般包含以下几种：单项设计分包、设计集成分包、设计+供货分包、供货+施工分包、某单项设计+供货+施工分包、供应商等多种不同模式。具体选择要依据项目的实际情况而定。但欧洲分包商大多数规模较小，需依据项目的要求严格判断后慎重选择。

16.4.3　分包商考察

分包商考察主要由项目合约商务部经理组织，相关专业和部门参与，并经过评审手续由项目总经理或公司审批通过[87]。对于新分包商（合格分包商名单之外的或以前没有合作过的）在参加选择前必须首先要通过公司组织进行的资质审查，选择主体（公司或项目）负责对分包商进行资质审查。参加资格审查的新分包商应提供以下资料：

（1）国内分包商

企业简介；

法人证明或法人委托书原件；

营业执照原件（应经过年检）；

企业资质等级证书原件（应经过年检）；

安全资格审查认可证原件（应在有效期内）；

近期已完工程及正在施工的工程情况；

企业人员构成，项目管理人员情况；

企业自有的主要机械设备（包括监视和测量设备）；

企业资信证明原件（可在投标报价时提供）；

其他必要资料。

（2）第三国分包商

企业简历、公司注册证明文件；

现行有效项目所在地的施工许可或经营许可原件；

近三年已完工的同类工程和正在施工的工程业绩；

企业建筑工程责任保险（如有）；

企业派往该项目管理人员简历；

近三年经审计的投标人可公开的财务报表；

企业资信证明原件，如银行信用等级证明、三个月内存款证明等；

其他对于分包工程所需要的资料。

对于国际工程而言，如果不是采用当地劳动力，而选用中国工人的话，那在对于分包商资源的选择上，要从较大的程度上考量分包商的劳动力储备。阿尔及利亚的中国劳动力入境，办理证件的周期大致为三个月。因此，承包商应根据分包商已有的阿国境内的劳动力和中国劳动力储备与工期劳动力要求进行比照，以合理安排劳动力。

16.4.4　分包商合同

经过项目的评审手续才能够签订分包合同，原则上采用最低价中标原则，并且招标文件和合同文件需要经过专业部门、合约部门、项目主管副总经理和项目总经理的会签。

合同签署后，合约部按照统一台账模板，建立合同台账，台账信息须包括责任工程师、履约情况、合同编号、合同名称、签订时间、分包商名称、分包范围、币种、合同金额等。各专业部台账记录人员统一发放合同编号，及时更新并上传至部门共享平台。

分包合同签署后，合同签署合约工程师应针对每个分包合同组织"合同分析卡片"（图16-6）的编制、分析工作，可分别就项目管理、支付、工期计划、工程范围

分包名称：	Electrolux Professionla SpA		
合同编号：	ALG-CIC-SUB-024		厨房设备分包商
	总额	当地币	外汇
合同金额：		—	—
设计：	主楼和服务楼的所有厨房、洗衣房、酒吧和咖啡厅设备的设计		
供货：	主楼和服务楼的所有厨房、洗衣房、酒吧和咖啡厅设备供货		占总合同额85%
施工（安装）：	主楼和服务楼的所有厨房、洗衣房、酒吧和咖啡厅设备的安装		占总合同额15%
对应主合同量单：	ARD 14，ARD 19		
外汇比例：	100%		外汇币种为欧元
保修期保函：	10%		终验后释放
预付款保函并立日期：	2012-5-18 前		
预付款保函失效条件：	无		
预付款：	无		
	外汇		当地币
支付节奏：	材料款：1. 材料到场—验收通过后支付对应材料款的60%；2. 安装验收通过后，支付对应材料款的40% 安装款：按施工进度分两次结算，第一次在设备安装结束验收合格，支付全部安装款的50%，第二次在项目整体临验通过后支付剩余50%		无
多币种计入原则：			
价格内容：	在阿办理证件费用、机票：机票由分包商承担，在阿证件费用由分包商承担	关税清关费、海关仓储费、滞期费，其他清关费用（材料）：总承包商承担	海运费、关税清关费、海关仓储费、滞期费，其他清关费用（机械设备类）：分包商承担
	保险：总承包商购买建筑工地全险和十年责任险，分包商负责其人员和机具的全部保险	营业税、利润税：未提及	保函费：未提及
	社保、工资税：未提及	临时措施费：承包商承担	水电费：承包商承担
零工单价：	无		
保修期及终验时间	随主合同要求（临验后一年）		随主合同执行
工期：			随主合同执行
信用证支付所占比例：	85.00%		
备注			

图16-6　分包合同卡片

和界面来分别详述。卡片需要体现合同重要条款、风险点、应对策略、风险化解措施等。

16.4.5　分包商过程管理

1）分包商发运管理

在分包商提交发运申请（一般会以形式发票方式提出）后，应就当次发运计划从技术、现场、合约和清关几方面来进行审核并走发运会签流程，相应版块负责人应仔细审核并提出意见。

对于单价合同，需每次发运前对比合同单价，由技术工程师及合约工程师分别对数量和单位、单价进行审核。针对固定总价的分包合同，由于合同中量单仅供参考，每次发运的材料单价、总金额等信息不易审核且支付节奏不易控制，需要在签订后与分包商就总的合同货值金额进行货值规划以确定发票的开立原则，如把总的货值分解到各个楼栋、各个系统（根据实际情况而定）。在双方达成一致后，所有发运批次都将在此货值规划框架内准备发票，以避免分包商调整货值。发运货值规划表格可参考货值规划模板编制，执行时可根据实际情况调整。

2）分包商支付管理

支付管理作为分包商合同管理的重要部分，合同管理过程中通过系统、完整、准确的支付信息为分包管理提供决策依据和管理依据。合约岗位仔细审核每一笔付款，避免超付，做到支付有理有据，对每一笔付款的合理性、准确性负责。分包合同中对不同的合同执行阶段都详细规定了不同的付款步骤（如预付款、设计费、材料费、安装进度款、调试进度款等），因此需要对不同款项按照支付方式（电汇、信用证）做支付记录、跟踪和控制。合约工程师或专业工程师建立"分包商支付台账"，并及时更新维护台账。针对合同中有关安装进度款、工程管理费或其他复杂的进度款支付的情况，为了控制付款节奏，使得付款简易、可控、合理，需要制作进度款报表和支付原则。

在合同签订后，和分包商启动关于进度款报表内容和格式的讨论，待双方达成一致后签字确认，作为后续执行付款的依据。举例：机电分包商 AE Arma 安装进度款报表是将总的安装费拆分到每个楼栋，每个楼栋又拆分几个大的系统：中压、低压、配电等。在实际操作中，应具体问题具体分析，使得报表简单、合理、易于操作和控制，至少要包括本月进度比例、累计上一期进度比例、截至本期进度比例、本月金额、累计金额等信息。因合同类型、合同范围不同，相应的进度款报表格式、内容也不尽相同，因此分包的进度款结算报表也各有差异。

对于中国分包商（劳务分包、大包）建立完整的资金和结算管理流程，每月对各家劳务分包商进行产值、结算金额、人均产值、劳动力情况分析。以各劳务分包商资金状况为依据，按照以收定支的原则，作为中国各分包商日常资金及劳务款的支付依据。

3）分包商最终结算协议

在分包商履约完成后，编制 DGD 报表（或最终结算协议），双方签字盖章，用于双方确认所有的付款都已完结，避免后续的财务纠纷。由于大清真寺项目体量较大，分包在各个部门都有业务接触，因此在最终结算协议签署前，本项目要求合约部发起，并经由专业组、区域、财务部、物资部、平面管理部多部门进行会签，以期在最终结算前理清分包的结算、物资调拨领用、资金领用、罚款等多方面信息。

各专业部门应严格控制合同项下每笔支付，避免重复支付、超额支付，并建立详尽的支付台账，由合同台账管理人员记录和维护。台账应清晰、系统，充分显示合同的支付方式、支付过程、支付完成情况等。合同项下所有支付申请会签前需经合同台账管理人员角签，确保台账支付信息的准确、完整。对于当地分供商的支付，每笔付款的支票签收件应作为重要支付单据进行管理。需扫描存档，并及时催要分供商发票后，连同支票签收件原件到财务处核销。

16.5 索赔管理

在阿尔及利亚承接的项目的全过程主要包括：概念设计阶段、施工图设计和深化设计、项目实施、质保及运营使用这几个阶段。通常业主在完成概念设计或 APD 阶段的设计即开始招标，在合同谈判阶段业主方无法出具完整和准确的施工文件，而承包商又急于签订合同，业主占有主动权，有些甚至有很多的霸王条款和不合理的条款。这样很多关于技术、规范标准等在合同基础文件中没有进行详细的规定和界定，后又通过变更的方式来改变合同的基础文件，而这些矛盾都会在合同签订后的实施阶段集中暴露出来。也就是说合同基础文件存在风险不平衡和合同条款不完整、缺陷的情况。而索赔产生的根源主要也来自合同基础文件的变化以及当初的风险不平衡和合同缺陷 / 不完整 [88, 89]。

为了风险平衡，目前大部分签订的合同基础文件都包括合同控制性条款和协调性条款。控制性条款可以理解为通过合同条款的严格规定来使得约定的义务得到执行，降低承包商逃避责任和义务的可能性。协调性条款则更多的是为了应对不确定性环境的机制调整，这种协调机制可以增加双方处理问题的灵活性，包括风险分担原则、合同变更、争议解决等。大部分的合同都是由发包方拟定，发包方希望有更多的控制性条款来约束承包商，而承包商又担心未能严格履约而遭受损失或罚款。

不同的业主方、合同拟定方、谈判水平、双方信任程度，也将导致各个项目的合同基础文件的风险率和缺陷率不同。希望以大清真寺项目为例并通过对绝大部分的索赔问题进行分类和分析，以利用科学的手段和公平合理的谈判达到解决合同风险不平衡、合同条款不完整以及控制性条款和协调性条款矛盾带来的索赔及纠纷问题。

16.5.1 索赔类型

基于以往工程实践经验，对常见的索赔事件进行归类（表16-1），以达到有目的的侧重，更好地识别索赔点。

常见索赔事件　　　　　　　　　　　　　　　表16-1

序号	类别	说明
1	APD和EXE文件差异	视合同条款规定及招标和合同签署时的合同文件状态而定
2	设计错误、缺失不一致	合同文件缺陷造成
3	业主或监理方责任	业主或监理方的错误引起的损失，如场地移交等问题
4	合同外工程	不属于原合同的工作范围，也最为容易索赔
5	增量增项工程	如设计变更，超出设计标准，超出合同规范要求，材质变更，重大系统的变化，功能的变更，等级和档次提高
6	工期延长带来的额外费用	论证非承包商责任的延误，并计算与时间有关的费用增加
7	扰乱及工效降低	业主（或监理）内部管理能力不足，节奏缓慢，给项目设计和施工等带来的干扰或阻碍
8	追赶工期的额外措施费	因为阿尔及利亚政府或业主的要求的必须加快施工，或非承包商责任延误下追赶工期
9	因不可预见因素引起的索赔	如自然灾害，政局不稳定，不利的现场施工条款，政策风险，汇率的风险，价格上涨，通货膨胀等

索赔也可以有其他的分类方式，有时候可以更简单地分为技术方面、工期方面、行政方面等，而工期方面的索赔在阿尔及利亚较为常见，且有一套成熟的技术处理方案，这部分将在后面着重做出论述。

16.5.2　索赔的全过程工作组织

1）索赔的组织机构设置

在准备索赔资料的过程中经常遇到组织方面的困难："这不是我的工作""我太忙了，没有时间提供索赔资料""我不会算这个""这个不应该是由合约部的人来做吗"等等。索赔工作的组织和开展要得到项目经理的高度重视，并要协调好生产和索赔的关系，并在索赔事情上给予资源的大力支持。工程项目的索赔及反索赔大多不是某一个部门就可以实现的，它涉及项目组织架构中各个部门的协同组织及配合，需要项目全员的参与。

需要明确项目实施过程中索赔工作的组织架构，包括索赔的责任部门、责任人、具体分工等。只有明确项目各部门的责、权、利，才能确保索赔工作的组织能在项目全周期内很好地执行各项索赔工作。同时，索赔工作应作为项目经理进行项目管理和项目成本管理中重要的一环，需要制定索赔制度以在项目工作组织中解决这些问题。

建议尽量设立项目索赔小组（图16-7），索赔小组纳入项目合约商务部管理，由项目经理担任索赔小组的直接领导。索赔机构包括合约及其他生产部门（技术部、专业组、施工管理部门等）。在管理实践中，索赔小组可以是一个在项目实际组织架构基础上"平行虚拟"设置的特定组织。总体来说，索赔小组负责项目索赔工作的统筹、组织、协调，在项目范围内建立和组织起索赔的高效的沟通机制和反馈机制，对索赔工作做出整体安排并与业主洽谈索赔。在成立之初即对索赔工作的分工和协调机制做出制度要求，并能借由索赔小组协调处理跨专业、跨部门、多专业的综合性强的索赔事件。

2）索赔的全过程工作组织和协调

（1）索赔程序简述

索赔发出：要注意合同约定的索赔上报的时效性，如果遇到复杂的索赔问题而报

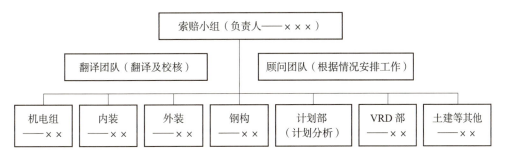

图16-7　项目索赔小组组织架构图示例

告无法按时提交，可以及时发出初步索赔意向，后续完善后再次补充发送。

正式索赔的台账建立和跟踪：对于已经提交给业主的正式索赔，需要建立台账，对索赔的进展进行跟踪。

（2）合同基础文件的分析研究

索赔小组或合约部门组织对合同基础文件分析研究，对其中的利弊条款及应对策略、协调性条款、索赔机会条款依据进行整理分析。

对于整理的"合同基础文件研究及条款分析"由合约商务部向各专业组及工程师进行交底，使得大家在工作中能利用好合同条款来开展工作并维护承包商的利益，这样能加强项目全员的合约意识、条款意识和索赔意识，把合同作为我们的有力武器来主张我方权益和反驳对方的某些观点。

（3）索赔事件整理分析和跟踪

在设计、施工等过程中各专业、职能部门应密切关注与自身工作属性相关的索赔事件点，按照统一的表格分专业、分部门定期更新"索赔事件清单跟踪表"并汇总索赔小组。表格中至少应包括事件分类、事件说明、性质、影响、支持文件、责任人、目前进展等信息。通过定期的索赔专题会，可以达到不断强化各专业工程师合约意识和索赔意识的目的，在工作中及时发现和识别索赔机会。

（4）对可能对业主提出索赔的事件点的归纳和识别

对于承包商来说，善于识别索赔事件是合同管理水平的体现，因此需要及时地识别出国际工程中经常出现的可能导致索赔的事件。各专业、职能部门应密切关注与自身工作属性相关的索赔风险点，抓住索赔机会，并对属于自身职责范围内的索赔事件负责，其他相关专业、部门应配合责任部门共同开展索赔事项的办理。要对设计阶段、采购阶段、施工阶段的索赔机会进行识别，对于是否能成为索赔事件，则需要针对各个事件，与合同基础文件进行对比和分析。

（5）单个索赔报告的编制

索赔报告的质量和水平关系到索赔的成败。针对单个的索赔事件，应分别从问题综述、合同条款依据、"来龙去脉"、影响分析和证据资料几方面来论述。即可把事件从发生到其产生的影响梳理清楚，更具有可读性并使索赔易被接受。

①问题综述：概要地叙述索赔事件的发生、进程及影响。

②合同条款依据：合同条款及法律依据。

③"来龙去脉"：索赔事件的发生、演变过程、结论、事件的来龙去脉等按照时间顺序进行清晰简单的阐述。

④影响分析：主要包括费用影响和工期影响两方面。

⑤证据资料：索赔证据的基本要求包括真实性、全面性、关联性、及时性。

16.5.3 索赔的计算规则

承包商向业主提出的索赔一般为工期延误类索赔，工期延误方面的索赔主要有两方面作用，一是承包商可以规避合同中关于"工期延误罚款"的处罚，及合同到期后面临的一系列付款、进口限制等障碍；二是在工期延误而非承包商责任的情况下，承包商需要通过分析延误的时间并提出工期延长带来的相关费用索赔[90, 91]。

1）工程合同中关于工期的规定

一般来说，工程合同中都会明确规定工程的工期、开工时间及竣工时间，工程中所有涉及的索赔都与这几项时间有直接关系。当由于承包商的原因造成合同工期的延误时，合同中经常采用延期罚款的方式要求承包商赔偿业主的损失，常见的赔偿额度可能是每耽误一天赔偿合同总额的 0.1%，且赔偿总额不超过合同总额的 10%。

如大清真寺项目合同条款对于工期延误罚款明确规定如下：承包商应采取一切有效措施以保证工程在合同工期内、遵守阿国现行法令、保质保量完成。若施工中出现与本合同施工计划的延误现象，业主方保留根据《关于公共合同法条文修改和补充的总统令》（第 02–250 号，2002 年 7 月 24 日）的规定采取措施的权利。本合同内规定的工期将作为处罚的参考。罚款金额计算公式如下：

$$P=（0.1*M*R）/D$$

式中　P——处罚金额；

　　　M——合同总额加补充合同金额；

　　　R——施工工期的延误（日历天数）；

　　　D——合同总工期（日历天数）。

除非业主方的责任或不可抗力原因，项目交付的任何延误都将处以延误罚款。罚款金额的累积不得超过合同总额加补充合同金额的 10%。另外，在依据《关于公共合同法条文修改和补充的总统令》（第 02–250 号，2002 年 7 月 24 日）的 78 条，执行对合同总工期延误的罚款不用预先通知。如果承包商对延误工期没有合理的证据，业主方有充足权利进行罚款，且承包商没有任何权利追回以前被扣的款项。

2）造成工程延误的主要事件

工期延误事件是由业主承担风险还是由承包商承担风险，或者是中立事件，各个合同的规定不同，造成延误的事件主要有：

（1）不可抗力：由于不可抗力造成的工期延误，一般承包商只能得到工期延长，但是得不到对应的费用补偿。

（2）反常天气：包括超出平常的，承包商不能预见的暴雨、大风、骤冷和热浪等天气，正常的下雨、刮风或者是正常的季节变换造成的工期延误一般认为是在承包商可预见范围内的，但是对于恶劣天气造成的工期延误，通常承包商只能得到工期延长，不能得到费用补偿。

（3）暴乱、罢工：由于暴乱或罢工造成的材料加工、运输和采购等工作的影响，从而造成项目工期延误，一般承包商有权得到工期延长，但是得不到经济补偿。

（4）工程师（业主或监理等）指令：承包商可以提出工期延长和费用补偿的要求。

（5）工程师（业主或监理等）提供信息延迟：主要是指工程师向承包商提供的图纸或其他信息延迟，如提供的图纸或信息对承包商的完工时间造成影响，承包商有权得到工期延长。

（6）工程师批准承包商的工程资料延误：主要是指承包商的施工图纸、材料等资料批复延误，承包商有权向业主索赔工期和相应的费用。

（7）业主不能提供场地或场地通道：业主如不能按合同约定的时间提供场地或现场的通道，承包商有权向业主索赔工期和相应的费用。

（8）不可预见的现场条件：主要包括地下和水文条件等，承包商有权向业主索赔工期和相应的费用。

（9）现场发现古物、化石等：承包商有权向业主索赔工期和相应的费用。

（10）政府行为：承包商有权获得工期延长，但不能得到费用补偿。

（11）业主直接指定工人或承包商的工作：业主安排自己的工人实施部分工作或者直接将一部分工作安排给其他的承包商，或者业主直接供应其中的部分材料，此等情况造成的工期延误，承包商有权获得工期延长和费用补偿。

（12）暂停施工：一种是承包商暂停施工，当承包商未能在合同规定时间内收到业主的付款，承包商可以通知业主，若到一定时间仍然未收到付款，则承包商有权暂停施工，由于这种情况造成的工期延误和费用增加，承包商有权向业主索赔。

（13）劳动力和材料的异常缺乏：由于不可预见的劳动力和材料的异常缺乏导致的延误，一般视为承包商的风险。

（14）工程师指示的试验：在FIDIC合同条件中，工程师若改变规定试验的位置或者细节，或者指示承包商进行附加试验，如果这些改变或者是附加的试验表明经过试验的生产设备、材料或者工艺不符合合同要求，承包商应该承担进行本项试验的费用。否则，承包商有权向业主索赔由此造成的费用增加和工期延长。

3）工程延误分析和索赔的主要记录资料

索赔证据是关系到索赔成败的重要前提，因此项目在施工过程中各部门应注意以下文件资料的收集和整理，并注意有些文件和资料需要经过业主或监理的确认方能生效。

（1）合约商务部需收集的文件资料：

招标文件；

合同、补充合同及附件；

中标通知书；

投标文件；

招标图纸；

当地有关政策及法规；

有关工程规范要求；

工程所在地区当期价格指数；

当期官方汇率；

国际工程索赔惯例资料；

工程合约商务方面的会议纪要；

工程材料采购、订货、运输、进场、验收、使用等方面的凭据。

（2）土建部需收集的文件资料：

地质报告、原始点测量数据；

业主或监理的工作指令书（对于业主或工程口头变更指令要获得书面确认）；

工程洽商记录、工程通知、来往信函；

关于重要事件的双方往来信函；

项目各种会议纪要；

现场施工验收记录、隐蔽工程验收记录；

业主或工程师确认的恶劣天气记录表；

专业工长的施工日志（日志需要经过监理签字确认）；

工程照片和工程声像记录等。

（3）设计技术部需收集的文件资料：

图纸及补充设计图纸；

补充设计图纸收文记录；

经批准的施工组织设计；

设计变更；

合同约定的工程总进度计划；

合同双方共同认可的详细进度计划，如网络图、横道图等；

合同双方共同认可的月、季、周进度实施计划；

合同双方共同认可的对工期的修改文件等。

（4）机电、装修部需收集的文件资料：

图纸及补充设计图纸；

补充设计图纸收文记录；

经批准的施工组织设计；

业主或监理的工作指令书（对于业主或工程口头变更指令要获得书面确认）；

工程洽商记录、工程通知、来往信函；

关于重要事件的双方往来信函；

项目各种会议纪要；

施工图片。

（5）公司劳务质安部需收集的文件资料：

工程验收报告及各项技术鉴定报告等。

（6）财务资金部需收集的文件资料：

工程预付款、进度款拨付的数额及日期记录；

根据合同及相关法律法规要求建立的财务会计文件、台账。

4）工程进度索赔程序

国内工程索赔和大清真寺项目索赔程序不同，具体如下。

（1）国内建筑工程索赔的实施流程

①索赔事件发生后 28d 内，向监理工程师发出索赔意向通知。

②发出索赔意向通知后的 28d 内，向监理工程师提交补偿经济损失和（或）延长工期的索赔报告及有关资料。

③监理工程师在收到承包人送交的索赔报告和有关资料后，于 28d 内给予答复。

④监理工程师在收到承包人送交的索赔报告和有关资料后，28d 内未予答复或未对承包人作进一步要求，视为该项索赔已经认可。

⑤当该索赔事件持续进行时，承包人应当阶段性向监理工程师发出索赔意向通知。在索赔事件终了后 28d 内，向监理工程师提供索赔的有关资料和最终索赔报告。

（2）大清真寺项目索赔实施流程

①各专业、职能部门应对照工作职责及时发现属于自己业务范围内的索赔机会，并应当在索赔事件发生后 1 个工作日内将索赔意向通知合约商务部门；

②合约商务部应分析索赔原因，如认为索赔事项初步成立，则需填报索赔申请表报领导审批；

③待项目常务副总经理及项目总经理审批索赔申请后，索赔工作正式开始。合约商务部应通知相关专业、职能部门收集必要的证据资料，相关专业、职能部门应于接到通知后 5 个工作日内向合约商务部提交有关索赔的证据资料及索赔报告的初稿，索赔报告初稿中应有对索赔事件的发生时间、地点或工程部位、当事人事件情况的简单描述；

④合约商务部在收到索赔证据及索赔报告初稿后，应对各类证据进行归纳整理，在深刻分析各索赔证据之间的关系后出具最终索赔报告；

⑤索赔报告经合约商务部经理审核并报项目常务副总经理、项目总经理审批后发出；

⑥合约商务部负责于有效期内向业主报送索赔报告，具体期限要依据施工合同、会议纪要的约定，但最长不能超过索赔事件发生后的 28d 内；

⑦索赔报告提交后，合约商务部应向对方了解索赔处理的情况，根据所提出的问题进一步做资料的准备或提供补充材料，如果对方没有答复，则须继续追加信函，提醒索赔报告的时限性，催促尽快解决；

⑧合约商务部应建立索赔跟踪表，定期对索赔事件跟踪，及时对索赔工作进行总结；

⑨索赔生效后，由合约商务部统一将索赔文件归档并抄送至相关管理部门。

5）工程索赔成立的条件

（1）与合同对照，实际已造成了对承包商工程项目成本的额外支出，或直接经济损失；

（2）造成费用增加或工期损失的原因，按照合同约定不属于承包商的行为责任和风险责任；

（3）承包商按照合同规定的程序和时间提交索赔意向通知和索赔报告。

6）工程进度索赔报告的编写

（1）前言综述：论述索赔根源和理由；

（2）索赔事件论述：归类大的索赔事件分别进行论述，每个事件论述包括问题综述、历史记录、影响分析等；

（3）计划延误分析：采用正确的延误分析方法，如有可能可借助专门的计划专家进行分析；

（4）事件产生的影响：对每个事件产生的经济影响和工期影响进行评估，并附上费用评估依据的技术文件、价格信息、发票、信函和会议纪要等。

7）工期延误的常用分析方法

目前国际上使用的工期延误分析方法都是基于关键线路法的分析。在国际上普遍被认可的是英国建筑法学会（SLC）出版的 *Delay and Disruption Protocol* 里介绍的四种延误分析方法：基准计划与实施计划对比法、计划影响分析法、影响事件剔除分析法和时间影响分析法。

基准计划与实施计划对比法，是最简单的一种方法。它是建立在工程已经完工的基础上的分析，只需要简单地将实际工期与计划工期对比，它们之间的差别就是工期延误。但问题在于，承包商虽然得到了延误天数，但是很难界定延误的责任由谁来承担，各自承担比例如何分配等。所以此方法在实际操作中很难单独使用。

计划影响分析法是通过分析事件对于基准计划的影响判断对完工时间的影响。具体的做法是在基准计划中插入代表影响事件的活动，然后重新计算完工时间，两者之间的差别就是对原计划的延误。这种方法的缺陷是基准计划编制精良但难以按时更新，实施计划过于粗糙。计划影响分析法操作比较简单，易于展示和理解，是基于关键线路法的众多方法中成本最低的一个。

影响事件剔除分析法是考虑延误事件未发生时项目的工期情况，从而得到延误事件对于计划工期的影响。具体的操作方法是在实施计划中去掉影响事件活动，然后重新计算，得到新的完工时间，两个计划的差别就是延误事件对项目造成的延误。可以通过剔除不同类型的延误事件，分别分析业主延误事件、承包商自身延误事件等各种因素造成的影响。理论上，当所有影响事件被剔除后，剩下的计划应该和基准计划的时间是一致的。

时间影响分析法与计划影响分析法类似，只是将进度更新到延误事件发生的时间，然后输入延误事件的影响。这种方法中的基准计划详细、有可靠一致的项目进展情况和完工数据，以及对计划的定期更新。

在进行延误分析时，根据案例的实际情况，应首先确定分析采用的方法。考虑到目前阿尔及利亚的业主很少有精通或熟悉工期延误分析计算方面的专业人才，我们更应该利用这些优势先行提交延误分析报告并抢占先机。

8）延期费用计算

承包商在发生延误时可以索赔的费用项次包括：薪酬、社保、福利、国际交通、当地交通、生活用品费、办公费、行政用水电费、保安费、固定机械设备费、保函保险延期费、第三方索赔、利息支出和总部管理费等。

通常情况下，延期费用应该计算的是延误造成的项目延展期间（即合同末期）发生的费用，目前普遍被采纳的观点是：在延期损失内应估计和考虑的是已经发生延误的时期，并且以延迟事件的发生时间为计算开始期，即延期费用自延误被感知的那个时间点起算。

受延期影响的人员只能考虑那些不能被分配到一个特殊专业和／或负责几个专业的人。根据通常国际仲裁案件中被接受的方案及国际上通用的做法，受影响人员种类主要有项目高级管理人员、行政人员和所有任何不能被分配到一个特殊专业的人（MEP 或其他）。

9）工程延误索赔应注意的事项

合同作为业主和承包商权利和义务判断的唯一准则，合同谈判时要谨慎对待。合同条款签订的好坏、界面是否清晰，直接影响后续索赔、补充合同和成本控制效果。签订合同时，要坚守合同条款的底线，不能让步的坚决不能让步，利用合同条款规避风险。合同条款需要技术、合约、现场、相关或交叉专业负责人共同会审。

项目过程文档资料对工程索赔至关重要，应在项目初期就做好以下工作：在实施过程中对文件资料进行系统的分类、整理和留存；做好信函管理台账，注明信函时间、主题和关键词；资料、信函要统一管理、留存，避免因人员离岗而导致资料丢失，包括邮件也应妥善留存；按照主题事件进行管理，便于按事件汇总整理。

10）阶段性和整体综合性索赔

正常情况下，最好是在单项索赔发生后及时谈判并敲定索赔金额。把索赔化整为零持续进行。但是有时我们会遇到业主对于单个索赔不予理睬、拖延，用不合理的理由给予拒绝，这时我们可以适当地使用分阶段或整体综合性索赔的方式。这对业主来说"攻击力"更强，使其重视程度更高，带来的影响也越大。有时鉴于和业主的良好关系，在过程中有意地搁置财务方面的争议，而把主要精力放在履约上面，在后期再整体提出索赔，这也不失为一种很好的策略。阶段性和整体综合性索赔应注意的事项有：

（1）做好组织协调和加强外部力量

分阶段和整体综合性索赔需要系统有序的组织才可按时高质量完成。由索赔小组制定详细工作计划，下达指令和跟踪每个人的完成情况，索赔小组在组织协调资源、制定原则及论述逻辑、统一所有格式和模板等方面应发挥有序、高效的组织能力。

同时还可以引入欧洲或国际上有经验的索赔顾问、律师和专家力量来更好地完成索赔工作。

（2）确定索赔的根源及索赔报告架构

为了达到比单个索赔更好的冲击效果和提高资料完整性、可受理性，使业主更能理解和接受我方的诉求，需要策划好整体索赔报告的架构，如确定索赔的根源及突破点、文件架构、事件归类、逻辑关系、资料组织关系、论证手段、轻重关系等。因此大型索赔通过事件论述、计划影响分析、费用影响及证据资料等，形成一个系统性的报告文件。这样的文件不论在逻辑上还是质量上都能带来更好的索赔效果。

大型索赔报告的整体索赔架构为：

前言综述——整体论述索赔产生的根源和从合同条款角度论述我方索赔的可受理性，论述精练而直击要害，并对索赔文件的架构、估算原则进行精炼阐述。

索赔事件论述——需要对众多的子事件进行有逻辑的归类，可总结为几类索赔事件。针对每个事件论述产生的原因、过程、索赔依据及影响，使文件具有可读性和可受理性。

16.5.4 分供商索赔与反索赔

在海外项目中，除了跟业主之间的索赔及反索赔外，在项目实施过程中与大量分供商之间也会不可避免地产生众多的索赔与反索赔。尤其在国际工程中，一般项目都会有众多的分供商参与项目实施，而且不乏这些分供商为在欧洲乃至全世界都非常专业和知名的公司。这些成熟市场下的分供商有超强的合约管理能力和索赔能力。因此要熟知和学习国际工程的索赔方法、策略等知识。比如目前被普遍认可的英国建筑法学会（SLC）出版的 *Delay and Disruption Protocol*，类似的书籍及索赔指导可以让我方更加专业地处理一些索赔及纠纷问题。

如前所述，通常还是从合同条款谈判、加强过程管控、严控支付、留存证据等方面着手控制。比如，在合同谈判阶段要就合同范围进行详细的约定以避免后续的扯皮及纠纷。对于一些复杂的工程，可以在合同文本中增加"工作界面"的附件，对于分包的工作内容与其他分包、其他专业的界面进行详细划分，对合同范围进行详细的说明（如工器具、调试耗材、封堵等）。这样可以大大地减少后续实施阶段双方关于工作范围的分歧。

16.5.5 索赔工作总结思考

索赔管理是合约管理及项目管理中的重要组成部分，应把它视为一项贯穿于项目实施全过程的标准管理工作，这个过程需要科学专业的组织管理和创新灵活的应变措施。

1）索赔管理始于合同谈判

前面提到，索赔产生的绝大部分原因是合同基础文件的缺陷和风险的不平衡。因此我们要高度重视合同签约前的合同谈判，从根源来规避后面索赔的发生和控制风险。合同谈判阶段要认真地就合同中的每一个条款规定、设计缺陷、图纸等文件、工作范围的界定、支付方式、汇率风险处理、适用规范标准、材料级别等和业主进行谈判，夯实报价，平衡风险。

合同谈判过程可以按以下几个原则来实施：

（1）"一个认识"：合同条款制定的优劣、界面是否清晰，将影响后续补充合同的签订和成本控制的效果，合同谈判时要有意地预防后续风险的发生，在条款中合理规避。

（2）"一个模板"：按照不同的合同类型，选定公司编制的合同模板，这样可以极大地规避后续重大风险。

（3）"一个坚守"：签订合同时，要坚守合同条款的底线，不能让步的坚决不让步。利用合同条款规避风险和为履约做准备。

（4）"多方会审"：技术、合约、现场、交叉专业的相关人员一起进行合同会审，以确保签订的合同条款能全面、准确、利于执行。

2）合约商务部与其他部门的协同

只有合约商务部与生产部门的协同配合，才能索赔成功。因此合约商务部或索赔小组要根据合同约定对索赔管理进行组织、策划和管理，而生产管理部门则依据合约工作安排提供索赔点、证据支持。重大的索赔问题和纠纷，要及时协调企划部、法律事务部和索赔专家顾问介入一起处理。

3）索赔时机把握

索赔的时机非常重要，我们要提前就索赔的整体策略、节奏和战术进行思考，正确把控和运作好索赔提出和谈判的时机。为了更好地让业主接受和处理索赔问题，应就索赔前的准备工作进行规划和运作，将业主的关注点更多地转移到索赔问题的处理上并使其愿意受理承包商的索赔。

例如在大清真寺项目中，为了让业主切实感受到项目的紧迫感，我们分不同层级向业主传递财务压力，组织发送了大量的关于索赔受制的影响信函，在恰当的时机提出索赔并进行索赔谈判。

4）技术部分索赔要证据翔实

在技术部分索赔和工期延误费用索赔中，我们认为技术部分是最需要做扎实的部分。资料准备中需要对设计错误细致罗列、不一致处对比标示清楚、设计原理阐述有理有据，将设计问询函和会议纪要等作为重要证据。

5）善用第三方技术检查报告

针对索赔中双方争持不下的技术问题，可以聘用第三方检查机构来进行公证的技术分析并出具最终的技术报告。

例如在大清真寺项目的索赔中，针对原设计错误和不可使用的部分，承包商聘请了专业的第三方检查机构对 EXE 文件进行全面审查以作为我方技术索赔的有力证据。如第三方检查机构 SOCOTEC 在其报告中得出了和承包商一致的结论，即"……经过核实我们在系统图和图纸之间发现了大量的不一致，所检查的文件包含太多错误和不一致，使之在对图纸的整体修改之前不能直接使用"。有公信力的第三方技术报告成为承包商关于技术部分的索赔的强有力的支持。在国际仲裁中还可以邀请某个领域的权威专家来出具专家报告进行佐证。

6）提高往来文件证据的有效性

总承包商往往在准备索赔资料时苦于找不到过程的资料和正式文件，或者事件发生时没有发函而造成索赔困难，因此需要在过程中勤于发函以作为过程中的证据。这就要求总承包商的工程师提高合约意识，善于运用信函作为合约、技术和现场管理的工具。这是项目合约管理和索赔管理中的重要一部分。

（1）及时发函并且勤于发函；

（2）信函的叙述要有理有据；通过列举具体事实、合同依据、法律依据，可以使信函更具说服力，同时也能为后期的索赔与反索赔留下有力证据。避免笼统叙述，比如论证报审延误要有具体的延误证据，不能简单概括为"不及时"；

（3）指令性质的函件要清楚明确；指明具体的要求、期限以及可能的后果；指令要有书面记录，避免口头沟通取代文字记录；

（4）及时回复对方信函；对于对方信函提及的多个观点，不能仅回复某个观点而忽略其他观点，避免"被默认"的可能；

（5）文件传递要有正式记录；

（6）及时编制并发送会议纪要；

（7）遇到变更和索赔及时发函，留存证据。

7）做好文档管理工作

海外工程项目具有施工周期长、人员流动大等特点，稍有不慎就会存在过程文件丢失的情况，为索赔等造成很大的不利影响。在项目实施期间，对过程文件进行系统的分类、整理、留存，可以采购相关软件辅助实现。要有专人对信函进行统一管理并做好备份，在人员离职或岗位调动时，需要在调动前就文档资料进行移交，避免人员离岗而资料丢失，否则不予进行调动。对于那些发展周期长的事件，可以进行专题整理，按照时间顺序进行事件的时间轴整理并建立台账。对以下依据和证明文件要格外重视文档管理工作：

（1）法律与法规；

（2）合同基础文件、规范、第三方的鉴定报告；

（3）招标文件；

（4）投标文件；

（5）往来信函、邮件；

（6）会议纪要；

（7）现场记录（施工日志、工时记录）；

（8）气象资料；

（9）工程进度计划；

（10）照片、影像资料。

8）谈判技巧和多方案推演

如同进行一场公司收购活动或一场重大谈判，索赔的过程也是双方谈判博弈的过程，除了需要我们进行前述索赔资料的准备外，还需要我们在索赔的战术、策略方面进行部署和规划。谈判能力及策略对索赔的成败非常重要，谈判者应该熟悉合同基础文件、熟悉现场实际情况。在商务谈判中应注意以下几点：

（1）谈判前详尽筹备资料和战略战术，做到心中有数、知己知彼；

（2）"确保大项、力保中项、争取小项"，谈判过程中小项要果断取舍，善于采纳对方的合理意见，适当让步以寻求双方都能接受的解决办法；

（3）谈判前进行多方案推演和模拟，找到己方的底线和可接受范围；

（4）诚信公正、以理服人并具有灵活性等。

9）索赔结果的合同落地

根据《阿尔及利亚公共合同法》规定，公共合同及其补充合同只有经过合同委员会的审查批准后才最终生效。鉴于《阿尔及利亚公共合同法》对于补充合同签署有诸多的限制和规定，我们要提前做好应对和筹划，避免合同在合同委员会审批时受阻。

10）索赔管理寻求各方合作共赢

业主有尽快接收工程并投入使用的需求，而承包商是希望在提供质优履约的情况下有一定的经济效益和社会效益，因此，承包商要找到与业主的共赢点。同时我们在履约的过程中通过为业主提供优质的服务，在质量、进度、安全方面都能让业主满意，这也是我们的索赔被接受的前提条件。最后，在海外项目的特殊环境下，所有管理人员应深刻反思，将承包商的精细化管理、合约管理、索赔管理措施落到实际，在履约过程中通过索赔管理来化解风险。

索赔管理始于合同谈判，终于合同落地，从前期合同谈判就需重视合同缺陷和风险不平衡问题，过程中落实精细组织、策划和各专业部门协同配合工作，实施优秀的谈判技巧以达到各利益相关方的合作共赢，这也是一个不断创新求变、不断探索学习的过程 [92]。

16.6　本章小结

合同管理贯穿于工程实施全过程的各个方面，其目的就是保证建筑企业全面地完成合同规定的责任和义务，它是工程项目管理的核心和灵魂。首先要了解东道国的合同类型及相关合同法，在遵守法律的前提下签订合同条款，同时要做好分包商管理。一旦工程出现变更和突发情况，更要做好索赔管理，维护我方的合法利益。海外工程面对的风险巨大，完善的合同管理是推动我国建筑企业走出去的重要工具。

第17章
大清真寺项目信息管理

信息管理作为工程项目管理中的重要组成部分，对于项目管理质量的高低具有重要意义。同时大清真寺作为阿尔及利亚的标志性工程，工程结构复杂、参与方众多等特点决定了本项目的信息管理在过程和方法上较为复杂。而本项目突破了传统信息管理中的档案管理局限性，引入了 BIM 技术加强对整个项目的信息管理水平，并在此技术上优化管理，促进项目信息管理的专业化。

17.1 档案管理

档案是企业和项目知识资产、信息资源的重要组成部分，能够为企业和项目的各项活动在证据、责任及信息等方面提供有效服务。因此，海外特大型项目必须做好文档管理工作。大清真寺项目自开工至今，在文档管理上始终遵循统一领导、统一标准、分级负责、逐级监督的原则，以维护档案的完整、准确、系统与安全为管理目标，从以下八个方面抓好抓实文档管理工作。

17.1.1 明确工作职责，搭建管理体系

项目设一名副总经理主管文档工作，并明确各部门文档工作职责。设计部为文档工作主管部门，负责对项目文档工作实行统筹规划、组织协调和监督指导。设计部下设文控室，由文控室文档专职人员具体负责文档工作的组织实施，做好各类文档的集中统一管理，主要包括保管、统计和提供利用，并指导和监督各部门文件材料的收集、整理工作。各部门负责本部门文件材料的完整、安全和准确性，并设文档兼职人员，由其负责收集、整理本部门归档文件，将完整、系统、准确的归档文件按要求移交文控室。通过细化责任，层层传递，建立完整高效的文档工作体系。

17.1.2 明确文件管理程序，确保文档统一管理

一是外发信函管理。明确外发流程，统一对外发文编号、收文方代码、部门名称、外发函件以及会签审核格式，制定科学详细的问询单、变更卡、图纸、设备材料及分包送审流程，所有文件保持签字盖章纸质版和扫描版。

二是外来信函管理。明确收文流程，做好登记签收，及时将原件和扫描件登记存档。

三是信息化管理。采用信息化管理措施，提高工作效率，留存信息记录，加强文件存储。对外，明确与业主、监理往来规定，设置项目公共邮箱和各部门邮箱、打造 Winplan、SGTI 等多方协同管理平台，用于项目与业主、监理往来信函、文件管理，使项目能实时追踪图纸、计算书、问询单、技术卡片、施工方案等各类资料的审批进度，方便业主、监理随时查阅、审批资料及反馈审批意见，留存完整的报审记录，也确保各项文件资料安全存档。此外，针对分包商，也设置项目公共邮箱和各部门邮箱，安排专人管理，统一以邮件形式进行事项对接，保存全部邮件记录并将重要邮件打印存档。对内建立局域网电子文档存储系统（Kass 系统和 FTP 平台），共享项目内部文件信息，确保文件完整存档，方便各部门及时共享、查阅电子版文件资料。

17.1.3 明确归档范围，确保资料齐全

大清真寺项目文件归档内容包括：工程经营文件、工程施工文件、工程声像实物档案、工程荣誉实物档案等。

工程经营文件包括：工程招标投标文件、投标总结报告、工程合同（协议）、中标通知、工程（预）结算书；施工许可证、税务登记证、劳务登记证等各类证照；项目注册文件、项目班子花名册、劳务队伍文件等；主合同及分供商合同、成本核算、技术分析、往来函件和邮件、变更指令、各种签证、各类台账、索赔文件、谈判记录、支付记录、会议纪要、审计报告等。

工程施工文件包括：开工报告、施工方案、施工组织设计、技术交底、施工总结、图纸会审记录、图纸变更单、安全环保措施、施工检查记录、事故（安全／质量）处理记录、工程质量检验记录、检验试验记录、设备合格证、材料质量合格证、竣工验收文件、图纸、科技成果等资料。

工程声像实物档案包括：国内相关政府部门领导以及阿尔及利亚政府部门领导视察工程的照片、录音、录像、光盘；工程洽谈、签约、开竣工典礼照片、录像带；工程施工进度照片、实体照片和工程照片、光盘；质量事故、安全事故处理照片、录像、光盘；工程施工技术、技术鉴定会照片、光盘；工程评优报奖宣传录音、录像、光盘等电子档案。

工程荣誉实物档案包括荣获中国或阿尔及利亚质量、安全等荣誉称号的各类证书、奖杯、奖牌等；项目建设中使用的各种印章等。

17.1.4 明确归档质量，确保资料准确和系统化

项目整理归档的文件材料始终遵循文件形成规律，保持其有机联系。

归档的文件材料为原件。因故无原件的可归档具有凭证作用的文件材料。文件材料归档后不得更改。外文文件与中文翻译件一同存档。文件材料一般归档一份，重要、利用频繁或有专门需要的可适当增加份数。多个部门合作完成的事项，由主办部门保存一套完整的文件材料，协办部门保存与承担事项相关的副本。

文件材料始终确保真实、完整、准确和系统，已破损的文件予以修整后入卷，凡归档文件用不易褪色的书写材料书写或绘制。录音、录像、光盘则确保载体的有效性，电子文件包括盖章签字的纸质文件扫描件及相对应的可编辑格式源文件，使用大型在线服务器或大存储量的移动硬盘等载体进行存储。使用不同载体形式（如纸质和光盘等）保存的文件资料一并归档。如只有非纸质文件材料，则配备相关文字说明，一并归档。档案的保密分级按照国家相关规定执行。有密级的文件则在文件封面上做密级标识。

17.1.5 抓好整理、做好编目，确保归档条理化

为了使大清真寺项目文档管理工作贯穿于施工全过程，项目文档管理做到"三同步"，即：签订项目合同与提出项目档案收集整理同步，工程建设进度与项目档案形成积累同步，工程竣工验收与项目档案验收同步。

工程项目档案内容必须符合合同技术规范、标准和规程要求，并能真实反映工程建设过程和工程竣工后的实际情况。竣工图编制要符合专业技术要求，并有竣工图章；各环节程序责任者的签章手续要真实、齐全。

17.1.6 加强保管工作，确保档案完整与安全

对文控室设有"八防"（防火、防潮、防高温、防光、防尘、防虫、防鼠、防盗）措施，定期检查档案，对破损和褪变的档案要及时采取措施进行修复。建立登记制度和借阅制度，对档案的收入、移出、保管、借阅等情况进行登记与记录。同时，认真做好底图、蓝图、光盘、照片（底片）、磁带等特殊载体的保管。

17.1.7 做好保密工作，防止产生损失、发生泄密事故

项目档案工作人员要遵守职业道德，严守事业部秘密，严禁向外泄露档案内容。非档案管理人员或检查、鉴定人员不得私自进入档案库房。凡违反管理制度，造成损失和发生泄密事故的，视情节轻重，给予批评教育或纪律处分，直至追究法律责任。

17.1.8 加大培训宣贯力度，提升全员文档工作意识

定期开展文档工作培训，宣贯文档工作重要性，提升文档专兼职人员业务技能，强化全员文档工作意识，尤其是员工在与业主、监理及分包商对接过程中，有意识及时留存证据资料，重要事项有书面文件，重要邮件打印存档。同时，文控室定期检查、追踪各部门文档的完整性。

档案管理是大清真寺项目管理工作的重要组成部分，也是项目生产、经营和管理活动的基础性管理工作。项目正是通过明确文档工作责任，构建管理体系，规范管理流程，确定归档范围和质量，抓好整理与编目，做好保管与保密，持续开展培训宣贯，严格落实过程管理，高质量完成了文件资料的收集、整理与保管，为公司保存了珍贵的工程资料。

17.2 BIM技术的应用

随着人们对建筑智能化及对舒适性要求越来越高，机电系统的设计越来越复杂，安装空间更加紧凑，因此，复杂区域采用BIM三维建模进行设计施工将会大大减少设计施工中的问题，通过BIM进行土建结构与机电管线的碰撞交叉检查，在实施前将存在的问题提前暴露并在计算机上进行修改，规避图纸质量问题而导致对施工的拆改与返工 [93]。

项目 BIM 模型基于 Revit（土建、机电）、Magicad、Hilti（机电）、Tekla（钢构）平台分专业分系统创建中心文件及工作集，然后根据 BIM 模型开展各专业的深化设计工作，包括系统计算复核、设备选型及深化出图等。各专业模型在 Navisworks 中整合后进行可视化校验及汇总，通过碰撞检测及仿真模拟等手段，预判可能会产生的工序工艺、进度管理等方面的问题，对项目精细化实施提供帮助[94]。

17.2.1 BIM应用情况

大清真寺项目 BIM 应用由机电专业主导，协同建筑、结构及钢结构专业紧密配合，包括七项核心具体应用。

（1）深化设计应用之计算复核

首先建立 BIM 应用库族模型，然后利用 Revit、Magicad 软件进行各专业系统建模及水力计算和风量平衡计算，应用 Hilti 软件进行支架选型及抗震计算。应用国际通用的 BIM 软件开展深化设计工作，克服了计算复核标准的障碍，提高了计算复核的公信力，确保了图纸审批通过率。复核计算如图 17-1 所示。

（2）深化设计应用之深化出图

机电专业深化出图近万张，出图深度要求近似机械制图。没有任何参考图集可用，图例就是真实产品零件的投影。管道不同的连接形式都要在图纸上详细体现。在

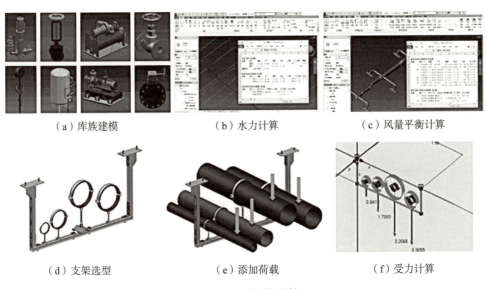

（a）库族建模　　　　　（b）水力计算　　　　　（c）风量平衡计算

（d）支架选型　　　　　（e）添加荷载　　　　　（f）受力计算

图17-1　复核计算

欧标体系下，项目设计团队应用 Revit 软件进行深化设计，利用三维模型自动生成各种平面、剖面、大样图，提高了深化设计效率。图纸与模型相关联，模型修改相关视图自动更新，降低图纸修改过程的出错概率。深化出图如图 17-2 所示。

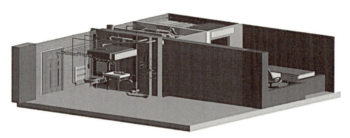

（a）BIM 三维模型

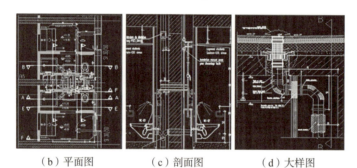

（b）平面图　　　　　（c）剖面图　　　　　（d）大样图

图17-2　深化出图

（3）深化设计应用之管线综合

K 楼为项目运转的能源中心，大型设备多，管线密集。利用 Navisworks 对各专业进行管线综合排布，解决碰撞、净空等问题。综合排布后的管线布置整齐合理、观感效果好。管线综合如图 17-3 所示。

（a）热电联产机房　　　　　　　　（b）热水循环泵房

图17-3　管线综合

（4）方案管理应用之抗震支座安装方案

本工程祈祷大厅为穆斯林朝拜核心区域，抗震设计等级9级。设计师在建筑物基础与上层建筑之间设置隔震体系。地震发生时通过284个抗震支座和80个抗震阻尼器吸收地震能量，保障大厅内人员的生命安全。由于我司首次接触此类施工方案，没有相关施工经验，项目利用BIM技术对方案提前进行模拟验证，最终保证方案顺利实施。抗震方案模拟如图17-4所示。

（a）抗震原理模拟　　　　　　　　（b）支座安装方案模拟

图17-4　抗震方案模拟

（5）方案管理应用之八角柱管道安装方案

原方案管道随八角柱预埋整体吊装，生产难度大、安装精度高、方案实施困难。项目BIM团队经过仿真分析，验证得出管道本身能够承受纵向荷载，支架只需控制管道水平方向的位移。经过优化方案，将原来的双向固定支架改为水平固定三角支架。方案实施便捷，节约成本近千万元。管道安装方案模拟如图17-5所示。

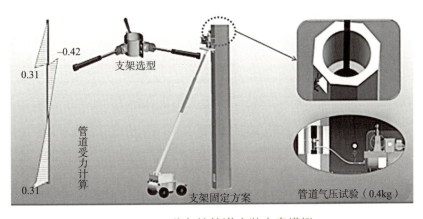

图17-5　八角柱管道安装方案模拟

（6）生产管理应用之 4D 进度管理

本工程为国际 EPC 工程，采用边设计、边采购、边施工；80% 的材料采购自欧洲市场，有三个月的到场周期。从深化设计到施工各个环节都紧密关联，任何一个环节出现纰漏就会导致项目停工。项目应用 BIM 技术对项目进度实现"时间 + 空间"的 4D 精细化管理，保证现场施工所需的图纸、材料、机械设备及劳动力等各种资源能够按时到场，确保项目依照工期节点按时完成[95]。

（7）合约管理应用之 5D 成本管控

本工程为总价包干合同，工程款支付方式按照进度款支付计划进行支付。必须事先计划好付款周期内的任务项，计划任务实际 100% 完成并验收合格，然后按照计划的资金分配额进行付款。所以付款计划编制的准确性、合理性直接影响项目的现金流。项目团队根据 BIM 模型输出精准的工程量来指导计划资金分配，计划产值与实际产值匹配。降低了已完工未结算率，确保了项目实施过程中的良好资金运转。项目分项工程付款计划如图 17-6 所示。

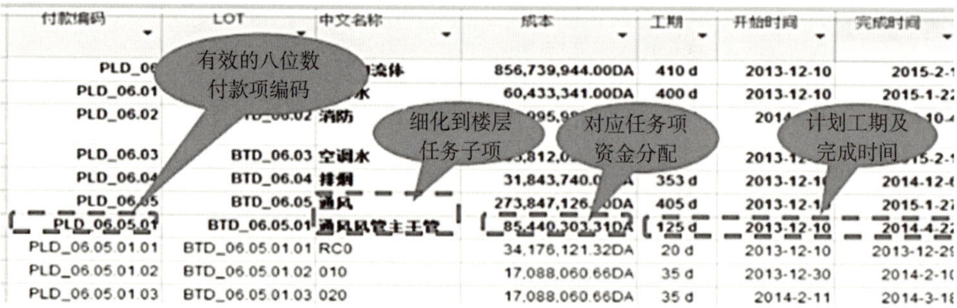

图17-6　D楼（文化中心）付款计划

17.2.2　BIM应用效果

BIM 技术在项目施工全过程的应用，辅助项目团队进行深化设计、方案管理、进度管理、合约管理，提高了整个项目管理的水平。无论是苛刻的欧洲设计院，还是精益求精的业主团队，都对中国建筑 BIM 技术应用表示认可。

17.3 本章小结

    本项目构建了完善的信息管理体系,在该体系下逐步完善档案管理,做到档案管理的完备、安全和长期有效性。同时通过引入 BIM 技术,大大增加了项目信息管理的信息化水平,以建筑信息模型的形式,将本项目的数字信息储存下来,同时可视化的 BIM 技术也方便了信息交流,增加了信息沟通效率。所以对于项目管理而言,加强对信息管理的重视程度和投入力度,将会对项目的管理效率产生直接影响,大大增加项目信息的安全性。

第18章
大清真寺项目属地化管理

属地化管理是国际工程项目中十分重要的一项管理措施，将会对项目在当地进展的顺利与否产生直接影响。海外属地化发展，指企业在跨国经营时期，按照国际规范和当地法规制度对海外项目进行管理经营，巩固和提高在当地市场的竞争力，保证长远和健康的发展。属地化既体现海外项目经营管理规范化程度，又是海外项目实现高端市场的一个过程。涵盖了海外项目管理的各个方面，对于本项目而言，主要应包括以下几方面的内容：经营属地化、员工属地化、采购属地化和市场属地化等。

18.1　属地化背景

随着中国人力成本的攀升，中国企业"走出去"的低成本优势正在逐渐丧失。自 2010 年以来，为缓解就业压力，阿尔及利亚政府逐渐开始严格限制外籍劳工的进入，新的劳工指标申请越来越难，原来在建筑领域实行的 1∶3 比例要求变为 1∶5 甚至是 1∶7。另一方面，随着中国企业对阿尔及利亚市场的不断开拓发展，外籍职员以其独特的优势，发挥着越来越重要的作用，单一的人才聘用已经不能满足中国企业所需，推行属地化管理，深度融入当地发展，响应当地政府号召，履行企业的社会责任，努力实现从"建设者"到阿尔及利亚经济社会发展的"参与者"的转变，成为中国公司推动阿尔及利亚项目可持续发展的重要举措 [96]。

18.2　员工属地化

18.2.1　属地化员工招聘

通常情况下，用人单位招聘属地化员工需要通过当地就业局开展。阿尔及利亚国家就业局（Agencenationale de l'emploi，也称劳动局）是由阿尔及利亚劳动部托管的专门对劳动就业市场进行监管的公共机构。用人单位有用人需求的，应向其所在辖区内的就业局申报，由就业局推荐符合岗位需求的员工前来应聘，由用人单位面试、考核并最终选定录用人员。

在当地就业局无法满足用工需求的情况下，用人单位也可以在就业局批准后，跨市、省同外地劳动部门联系进行异地招聘，也可以通过其他方式招聘员工，如公司或项目内部员工推荐，网络招聘（如 EMPLOITIC，EMPLOI PARTNER 和领英）、校园招聘、"猎头"等（注意：所有非经当地就业局招聘的当地员工，均须到当地就业局申报备案）。

18.2.2 属地化员工合同

1）劳动合同种类

根据《阿尔及利亚劳动法》规定，劳动合同分为固定期限劳动合同和无固定期限劳动合同；阿尔及利亚法律规定，一般情况下雇主必须跟雇员签订无固定期限劳动合同。如工作本身的性质是固定期限的或临时的，可以签订固定期限合同，但必须以书面形式签订，并且必须在合同中明确合同期限及合同期限受限制的原因，未按照法律规定签署的固定期限合同将被认定为无固定期限劳动合同。

固定期限合同中规定的劳动关系存续期限应与相应工作的持续期限保持一致，且雇主必须持有书面文件证明此期限合理。通常情况下，项目与属地化员工签订的劳动合同应与项目施工总工期相符。

固定期限合同到期前，用人单位必须提前（通常为合同到期前的 15 天，具体见合同规定）以书面形式通知劳动者合同到期终止。签收件当面签收的，应保留属地化员工签字、按手印的通知函复印件；通过挂号信派送的，应保留挂号信回执；通过司法送达的，应保留司法执达员送达 PV。如需续签劳动合同，则务必在原合同到期前完成新合同的续签，切勿在没有合同的情况下让属地化员工继续工作，否则双方之间的劳动关系将被认为是无固定期限劳动关系。

2）试用期

订立劳动合同时，双方需约定一个试用期（按照合同法一般不超过 6 个月），通常情况下，一年的合同试用期为 3 个月，半年的合同试用期为 1 个月，试用期结束后，可再次顺延 1 个月且以书面形式通知属地化职员本人并签字确认。

用人部门须在试用期内仔细考核聘用人员是否符合岗位要求，否则试用期过后至劳动合同到期前很难与其解除劳动关系或是双方友好协商解除劳动关系且给予补偿金。公司人力部门或项目人力部门可以在新入职属地化职员合同试用期结束前一周向用人单位或项目发出书面通知以作为提醒。

试用期员工与同岗位正式员工一样拥有同等权利、履行同等义务。无论试用期后能否正式入职，劳动者在试用期内享受的待遇都必须与其正式入职后享受的待遇和工资水平一致，不得另行规定试用期工资。用人单位与劳动者自签订劳动合同之日起10日内必须给雇员注册社保，即使劳动者尚在试用期，也必须遵守这个规定。

3）工资

工资主要包括基本工资和可变工资。可变工资主要包括工龄津贴、加班工资、特殊工种津贴（夜班补助、危险工种津贴、地区津贴等）、奖金、福利等。

目前阿尔及利亚执行最低月工资标准18000DZD（每周工作40小时），技术工人一般月收入30000～50000万DZD。平时加班费为正常工作时间工资的1.5倍，节假日加班费为正常工作时间工资的2倍。加班工资应明确体现在工资单上，并由雇员签字确认。根据法律规定，劳动者请求用人单位支付工资的诉讼时效为五年，从用人单位应向其支付工资但未支付之日起算。

4）工作时间

每周法定工作时间为40小时，至少分配到5个工作日；每天最长不超过12个小时，在连续工作的情况下，应安排不超过一个小时的休息时间。从事高体力、危险或容易在身体和心理方面产生特别压力的工作每周工作时间可缩减。

《阿尔及利亚劳动法》规定，每周加班时间不可超过法定工作时间的20%，即不得超过8小时。所有在当日21：00至次日05：00间开展的工作视为夜班。一般情况下，雇主不得安排女性员工值夜班。

5）终止合同

劳动合同中双方可以约定在何种情况下劳动关系终止，法律规定的终止情况有以下9种：劳动合同无效或劳动合同按照法律规定废除、有确定期限的劳动合同到期、辞职、解雇、符合法律规定的完全丧失劳动能力、因裁员而被解雇、用人单位企业依法终止业务活动、退休、死亡。

解雇分两种情况：

（1）无预告期和补偿金的解雇，适用于劳动者在工作中犯下受刑法惩罚的严重错误，或劳动者实施了《阿尔及利亚劳动法》第73条提及的泄露内部资料、故意造成物质损失等行为。

（2）解雇虽无补偿金，但劳动者享有解雇的预告期。这种方式适用于被解雇的劳动者没有犯严重错误，具体违规的情况以及惩罚措施可在内部管理规定中详细列明。

18.2.3 属地化员工管理

中国企业应建立健全企业属地化管理制度，包括公开招聘、合同签订、教育培训、岗位职责、劳动定额、薪酬待遇、工资结算、劳动保护、文化活动、休假制度、违纪处理、合同解除等，从而保证属地化管理工作的持续发展[97]。

（1）严格遵守当地劳动法，按照法定工作时间对属地化员工进行考勤，超出法定工作时间以外的工作视为加班应支付其加班工资。对于迟到、早退、旷工的情况，按照企业相关制度及相关程序发送警告函。

（2）每季度对企业管理类属地化员工进行盘点，与用人单位或项目进行沟通，对属地化员工的工作内容及岗位进行实时调整，充分优化人力资源配备；与各属地化员工进行一对一的面谈，充分了解每位职员的工作内容和岗位职责，倾听职员对项目或是公司的建议以及个人诉求。

（3）用人单位各部门或项目负责人可每两周或每月与属地化员工讨论确定工作任务，并将讨论确定的工作任务书面安排给每个属地化员工，明确工作内容和完成时间，并每两周或每月检索工作完成情况，如未完成或未按期完成需分析原因。如发现不能胜任本职工作，可及时向人力部门反馈，建议更换岗位或辞退。

（4）用人单位通过理论和操作技能培训等，由中方管理人员或熟练操作人员通过言传身教，培养出更多服从安排、技术过关的属地化员工，并将培养成熟的属地化员工按班组分开，从而带动更多的属地化员工在实践中不断锻炼自己、提高自己。通过组织员工培训、师傅带徒弟等方式，制定适合属地化员工的"聘、管、用、考、退"的管理办法，逐步提高属地化员工的工作技能和工作效率。

（5）中国企业可以与当地驻华大使馆或当地大学保持密切沟通，及时获取优秀学员的信息，通过资助当地优秀学生学费或到中国国内高校留学等方式，为企业培养更多优秀的属地化技术人员和管理人员。

（6）强化"属地"意识，构建"以属地化管理人员管理属地化劳务工人"的管理模式，培养出一批忠于企业、责任心强、有管理能力的管理人员[98]。

（7）将属地化员工考核纳入企业评优表彰活动，增加属地化员工的归属感。

（8）开设英语、汉语和技能培训班，强化属地化人才的语言技能和操作技能，加强中方员工与属地化员工间的沟通。

（9）统一安排班车接送没有私家车的属地化职员去就近的公交站、地铁站和轻轨站，大大地缩短属地化员工的通勤时间。

（10）建立属地化职员信息台账，在属地化职员生日当天为其准备生日贺卡及生日蛋糕并发送祝福邮件，提高属地化员工的幸福指数和归属感。

（11）关爱属地化员工，针对不同的民族和宗教信仰，给予特殊的尊重和照顾。

（12）阿尔及利亚大型工会组织力量不强，但工会组织较多。《阿尔及利亚劳动法》规定，在同一公司工作的3人以上即可成立工会，如果工会对雇主不满可向当地劳动监察局反映，由劳动监察局对企业展开调查，所以处理好与当地劳工组织关系的关键是遵守《阿尔及利亚劳动法》。

18.3　分包属地化

18.3.1　分包商资质文件考察

招标时，应明确分包商的资质等级，并要求分包商提供详细的资质证明文件，如以下证明文件：

（1）公司的法定章程；

（2）商业注册；

（3）税务证明：税务缴纳证明，税务注册卡，税号（NIF）；

（4）社保证明：针对在阿尔及利亚经营的本地或外国公司，CNAS（社保缴纳机构）；

（5）公司账户的法定申报证明：针对阿尔及利亚法律规定的法人形式的商业公司；

（6）无犯罪记录证明：作为法人代表的公司总经理或主管（未设立在阿尔及利亚的公司不需提供）；

（7）技术资质：等级和／或其他凭证；

（8）人力：投入该项目的人员清单及管理人员的简历；

（9）设备：详细清单，并附带证明资料；

（10）业绩介绍：至少3个类似工程，并需提供履约证明和终验证明或临验证明；

（11）各类认证：如ISO、LEED、OSHA等（如若需要）。

18.3.2 分包商的比选方法

1）比选原则

选择分包商的原则主要从两个层面进行考虑：一是选择能力较强、信誉较好的分包商。二是选择针对拟分包工程技术可行、经济优化的单位。

2）招标方式

因当地优秀分包商资源较少，一般不采取公开招标的方式。充分利用属地化工程师资源，在一定范围内精准筛选能力强、信誉好、技术可行的属地化分包商进行邀请竞标。

3）竞标流程

首先由各家分包商拟定分项工程的施工方案及材料设备选型（按需），然后邀请符合分项工程技术要求的分包商进行报价，根据方案、工期、价格等因素进行综合比选，确定中标分包商。

18.3.3 分包管理措施

（1）通过多种渠道考察属地化分包商，确定合格分包商进行招标。

（2）按照企业规范程序选择和确定分包商。

（3）规范招标文件、合同条款，增强约束力。

（4）明确工作范围及界面划分，以详细的工程量单和施工说明划分工作范围。

（5）合同谈判时明确要求分包商提供合同额10%的履约保函。

（6）明确违约责任、争端和仲裁等条款。

（7）针对部分企业效率低下、工作懒散、拖拉等现象，现场要加强管理，做好日常进度、质量和安全等监控和指导，发现问题，及时要求分包商进行整改，避免问题恶化，并留好书面资料或拍照取证，便于企业保护自己合法的利益。

18.4 本章小结

对于近年中国人的大量涌入，阿尔及利亚人持两种看法：大部分人认为中国人勤劳、工作效率高，为阿尔及利亚的经济社会发展做出了贡献。但也有一部分人认为中国人抢占了他们的就业机会，存在不满情绪。因此中国企业应更多雇用当地员工，加强当地员工培训，多做回报当地社会的工作，进一步密切与当地居民的关系，赢得他们的信任。

中国传统文化是世界优秀文化中的瑰宝，不少阿尔及利亚民众和企业对中国文化抱有浓厚兴趣。中国企业宜将中国文化同阿国文化有机结合起来，在投资合作、融入当地社会的过程中，主动介绍中阿文化差异。还可借助当地特色节日或中国传统佳节，以合适的方式与当地员工甚至社区共同庆祝，增进彼此了解和感情，营造有利于中国企业发展的外部环境。

第19章
大清真寺项目综合管理

项目的综合管理将会对项目的日常运转产生直接影响，这主要是因为综合管理涉及项目日常沟通中的翻译管理，跨国工作人员的签证、居住证办理等多种人员管理问题。同时，项目的社会责任、工程信息传播等同样意义重大。本项目的综合管理主要包括以下几个方面：翻译管理、证件管理、社会责任和工程传播与公众理解。

19.1 翻译管理

大清真寺项目作为海外大型公建项目，必然面临各种复杂多变的自然和政治环境。不同国别的政治体制、决策机制、沟通方式、文化习惯及思维方式自然不同，翻译管理作为对外沟通管理的一部分不可或缺，也是项目履约过程中与设计施工密不可分的有机组成部分。

19.1.1 语言环境

阿尔及利亚的官方语言为阿拉伯语，通用法语。作为国际性项目，本项目在合同中注明所有相关合同文件以法语作为合同语言。项目各种正式会议、信函等情景基本使用法语。对于个别国际分包商沟通、属地化沟通、法律文本等部分，视情况使用英语和阿拉伯语。

19.1.2 翻译内容

正如上面所述，本项目合同语言为法语。因此相关合同文本全部使用法语，包括且不仅限于：

（1）合同主文本及补充合同文本；

（2）项目一般性技术条款；

（3）项目各楼栋各专业特殊技术条款；

（4）总平面图、施工图、深化设计图等图纸报审以及审批意见；

（5）工程变更单，技术澄清意见；

（6）施工日志；

（7）业主方往来信函；

（8）监理方往来信函和电子邮件；

（9）CTC（技术检查机构）往来信函；

（10）现场检查、验收纪要；

（11）现场会议、技术讨论会议纪要；

（12）各种试验报告报审以及审批意见；

（13）各种样品、材料报审以及审批意见等。

19.1.3　口译内容

在项目履约的过程中，业主方配备了100人左右的管理团队，监理方配备了60~100人的管理团队，针对基层、中层、高层，分别有不同的各种会议和讨论，这种沟通每天都会涉及：

（1）基层会议，如现场会、销项会、现场检查等；

（2）中层会议，如技术讨论、出差参观、材料选择会、收款会等；

（3）高层会议，如高层协调会、部长参观、外宾参观等。

19.1.4　翻译管理措施

各种文本数据量非常大，跨越专业多，翻译需求时效性较强，因此如何组建满足要求的翻译队伍，提供基础扎实、语言通顺、技术表达准确的翻译服务，成为每一个海外项目都需要思考的问题。针对大清真寺项目的实际情况，我们采取如下措施保证翻译质量：

1）组织管理

翻译分配方面，基本按照部门，分配1~3个翻译人员。设置1~2个主翻，根据项目需求进行项目层次调剂。参与公司层次的翻译委员会，引入公司资源。

2）程序管理

针对日常信函文档，根据信函的内容，交由不同部门熟悉相关事务的翻译进行翻译，翻译后的中法文返回文档室。信函内容不能清晰界定的，由主翻统一协调，分配相关翻译进行翻译。针对较重要信函，比如合同文本，关于工期、索赔、变更、价格等敏感内容，由主翻或资深翻译校审并经项目领导批示后，交文档室。针对会议纪要等内容，要求部门翻译和与会者确认该纪要是否符合会议讨论结果，如有问题应即时指出。

3）特殊情况管理与协调

根据实际情况建立"AB 角"制度，当 A 休假时 B 能暂时接替 A 工作，这样就要求平常工作中 2 人有工作交集，熟悉对方沟通环境、技术背景、相关词汇及联系方式，避免因休假或特殊原因造成工作空档，对项目整体造成影响。

针对类似于大量图纸报审与审批、大型会谈与介绍和大量文本需要处理的情形，须由主翻估算工作量，向项目领导或公司领导请示后，在项目层次或公司层面进行统一协调，并采取相关措施保证文件翻译的准确性和时效性。

4）翻译培训

翻译人才培养也是很重要的一项工作，翻译人员在理想情况下需要进行梯队建设，需要有丰富经验的资深翻译，也要有热情和干劲的年轻翻译。为了保证翻译质量，一方面要鼓励年轻翻译多向资深翻译请教翻译技巧，从而更好地完成翻译文档修改和完善等工作，也需要鼓励翻译多参与其他相关专业培训，对现场、专业、技术等有更深层次的理解与领会，避免产生歧义和造成误会。

5）工程师法语培训

作为大型项目，由于所配翻译数量基本不会超过总人数的 10%，加上每个翻译都还会兼任一部分非翻译类事务，因而大量的简单沟通工作就需要工程师独立完成。除了公司安排工程师统一学习法语之外，项目还根据实际情况利用业余时间开办法语学习班，由较有经验的翻译担任讲师，提高工程师的法语水平。

6）人才盘点

针对不同部门、不同专业、不同楼栋的翻译，每年或每半年进行一次人才盘点。了解每个人的工作动态、心理状态，其中也可以发现一些创新、提高工作效率的方式方法，根据每个人的性格特点和擅长领域，可安排轮岗或晋升。

19.2 证件管理

19.2.1 返签与劳动证办理

1）返签办理

返签是阿尔及利亚许可外籍人员入境的一种签证制度，返签办理是持工作签证入

境的首要办理环节。整个工作签证的办理主要分为两个部分：阿国劳动局，阿国驻中
国大使馆。

（1）阿国劳动局部分

返签办理的流程如图 19-1 所示。

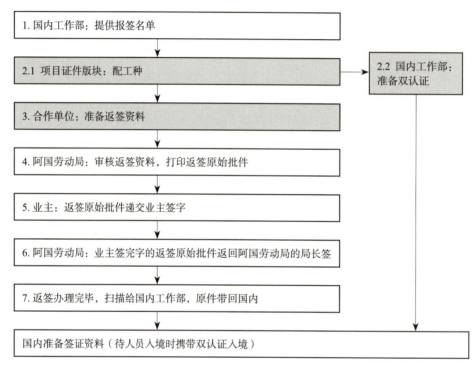

图19-1　阿国劳动局部分办理流程

（2）阿国驻中国大使馆部分

签证办理的周期一般为 2 周左右，办理程序如图 19-2 所示。

图19-2　阿国驻中国大使馆部分办理流程

2）劳动证办理

劳动证是持工作签证入境，在当地合法工作的许可证件，劳动证办理完毕才可以
进行居住证的办理，在当地合法居住。据当地劳动局政策规定，人员入境 15 天内要

递交劳动证资料，办理劳动证。一套完整的劳动证资料包括：

（1）需要在当地劳动局开发的软件上填写相应的基础信息，并打印盖项目章；

（2）护照首页和签证页复印件（入境章要清晰）；

（3）当地健康证明（普检＋胸透）；

（4）6 张小二寸的白底照片；

（5）返签批件的复印件；

（6）10000DZD 的劳动证税票。

如果人员入境之后在短时间内因个人情况需要离境的话，需要注意以下两点：

（1）在签证有效期内，携带有效签证出境，但是离境之后无法再次入境，想再次入境的话需重新办理返签和工作签证。

（2）催办劳动证和居住证，携带有效居住证出入境。

由于劳动证的有效期根据项目行政工期来定，所以在劳动证到期前 45 天要进行更新，更新资料同样在劳动局开发的资料系统中填写打印。除此之外，在劳动局领取更新劳动证的时候，每份劳动证需要 15000DZD 的税票。在人员决定最终离境时，须先注销劳动证，再注销居住证，完成整个证件的正规流程，携带正规证件离境。

19.2.2　商务签办理

商务签证主要指有关人员因公务或者个人原因去目的地国家从事投资、贸易、会议、展览等方面事务进行实地考察或洽谈时需持有的签证。持商务签证在目的国只能作短期逗留，持证人应该在签证规定的时间内离开该国家。且持商务签证不能在目的国从事经营活动或工作。

办理商务签之前，申请人需向项目经理和公司人力资源部提出申请。劳务工作部驻项目商签负责人收到项目经理和人力资源部批复的《中建阿尔及利亚公司中国赴阿尔及利亚商务签证申请表》之后，开始启动商务签的准备和办理工作：

（1）项目商签负责人通知申请人准备递交业主的商签申请资料；

（2）项目商签负责人向业主递交商签申请资料，并追踪资料处理进度，领取业主批复的业主邀请函；

（3）公司人力资源部准备经理部邀请函；

（4）公司劳务工作部将办理完毕的商签邀请函原件带回国内劳务工作部；

（5）国内劳务工作部准备递交商务签证的资料，并通知申请人向阿尔及利亚驻中国的大使馆缴费；

（6）申请人缴纳商务签证费；

（7）国内劳务工作部从使馆领取签证；

（8）申请人申请领取护照。

准备商签资料时应注意以下事项：

（1）申请人的护照有效期必须在 6 个月以上，且至少有 2 页空白页；

（2）根据使馆要求，申请签证时，护照上不得有生效中的其他阿尔及利亚签证，否则必须等原有签证失效后方可办理新的签证；

（3）业主邀请函与公司邀请函的有效期为 3 个月。各相关方最晚应在邀请函到期前的最后一个递签日（使馆签证窗口接收商签申请资料的时间为每周一、周二上午，法定节假日除外）之前将资料交给劳务工作部国内板块商签负责人，否则需重新办理邀请函。

19.2.3　居住证办理

居住证是指他国公民在阿尔及利亚工作、生活所持有的居住证明文件，是在阿尔及利亚进行相关事务办理和出入境的必备文件。居住证上体现持有人的姓名、出生日期、护照号、有效期等重要信息。

1）新入境居住证办理所需资料

（1）劳动合同（contrat de travail）；

（2）居住证明（attestation d'hébergement）；

（3）工作证明（attestation de travail）；

（4）护照首页＋签证页的复印件；

（5）劳动证复印件；

（6）使馆注册原件；

（7）血检及普体健康证明原件；

（8）阿语个人信息表；

（9）法语个人信息表；

（10）6 张白底小二寸照片；

（11）3000DZD 税票（quittance）。

根据阿国法律规定，在阿国外籍务工人员须在签证到期前 15 天向项目所在地警察局递交居住证办理资料。大清真寺项目隶属于巴巴祖哇警察局，由于项目人员数量较多，警察局在递交资料的期限方面没有要求如此严格。

2）居住证办理相关流程

（1）递交签收

劳动证出证后 5 天内，做好递交台账，递交资料至项目所属警察局。

（2）审核处理

警察局收到居住证申请资料后，一般会先颁发 3 个月临时居住证。大清真寺项目办证人员较多，出证周期较长。如有特殊情况，警察局可以酌情处理，提前出证。

（3）领取

一般情况下，领取居住证（临时或者正式）需要当事人携带护照和劳动证去警察局签字、录入指纹、拍照。考虑到大清真寺项目办证人员实际情况，为减少人员往返项目与警察局之间造成的不便，警察局同意由证件负责人统一领取，在项目上请本人签字、按指纹，制作台账。

（4）复印延期

居住证领取后，复印三份交至警察局存档。同时，项目为居住证存档，上传附件至劳务系统。临时居住证需 3 个月延期一次，提前与警察局预约时间延期，大清真寺项目与警察局沟通后，确定不需要本人到警察局签字，由证件负责人统一递交居住证至警察局，延期后需要存档。

3）一次性离境办理

一次性离境办理所需资料如下：

（1）居住证原件；

（2）劳动证注销函复印件；

（3）一次性离境信函；

（4）2 张 10DZD 的税票。

一次性离境办理周期为 15 天。如有特殊情况，警察局可以帮助项目加急办理离境手续，一般可以 2~3 个工作日办理完毕。

4）居住证领用事宜

大清真寺项目自有管理人员：所有借用或休假需领取证件的都需在登记簿上签字。

大清真寺项目分包人员：所有分包的居住证均由项目部统一管理，每次借用均需递交《保证书》，并需要在规定时间内返还原件。

19.2.4　证件办理经验总结

大清真寺项目管理人员和劳务人员数量非常多，合作单位累计三十余家，抢工时期现场中方管理人员和作业人员高达 4000 余人。为确保人员按时高效进场以及顺利回国，项目重点从以下两方面做好证件管理工作。

1）建立详细台账，确保证件工作连续有效推进

（1）《返签递交台账》，标注返签资料递交至劳动局、业主的日期以及资料领取日期，持续追踪返签办理进度，确保返签及时办理。

（2）《返签签证统计表》，实时更新返签、签证办理人数，及时掌握证件办理动态。

（3）《劳动证总台账》，便于查询人员信息和劳动证到期日期，确保劳动证及时更新。

（4）《劳动证递交台账》，标注收到劳动证资料日期、资料递交至劳动局和资料领取日期，方便追踪劳动证办理进度，确保劳动局及时出证。

（5）《劳动证延期台账》，标注劳动证递交至劳动局日期和领取日期，方便追踪劳动证延期进度，确保及时延期。

（6）《劳动证注销台账》，标注劳动证注销日期、资料领取日期，以便尽快办理人员一次性离境。

（7）《居住证总台账》，便于查询人员信息和居住证到期日期，确保居住证及时更新。

（8）《居住证递交台账》，标注收到居住证资料日期、资料递交至警察局日期以及资料领取日期，方便追踪居住证办理进度，确保警察局及时出证。

（9）《居住证延期台账》，标注居住证递交至警察局日期和领取日期，方便追踪居住证延期进度，确保及时延期。

（10）《一次性离境台账》，标注离境日期、收到一次性离境资料日期、资料递交至警察局日期以及资料领取日期，确保在申请离境日期之前办理完一次性离境手续。

（11）每月月末统计两证月报，核对项目办证人员的信息，定期系统地掌握项目人员证件动态。

2）加强内外联动，确保证件办理速度大幅提升

一是返签方面。通常办理周期为 25 天，为缩短办理周期，加快劳务人员进场，公司劳务工作部（含国内部）、项目证件负责人、合作单位、阿尔及利亚劳动部、阿尔及尔劳动局密切配合，高效联动，快速办理返签。合作单位积极配合项目及劳务工作部（含国内部）准备返签资料和签证资料，按规定时间递交；项目证件负责人审核合作单位返签资料后，主动追踪返签资料在劳动局的处理进度，协同劳务工作部（含国内部）建立《返签＋签证统计表》，并于每日下班后更新统计表，发送至相关领导和部门负责人，确保信息及时反馈；劳务工作部（含国内部）则及时追踪签证资料在使馆进度，审核入境资料。阿尔及利亚劳动部根据公司和项目需求，对劳动局下达优先处理大清真寺项目证件的指令；阿尔及尔劳动局配合项目需求，优先处理大清真寺项目返签资料；业主加快了资料审批速度，使得返签办理周期大大缩短。在三方的共同努力下，返签办理速度大幅提升，劳务人员入场更加高效，有效保证了现场劳动力需求。

二是居住证方面。时刻保持与警察局的有效沟通和交流，建立良好合作关系，为项目的居住证工作顺利开展奠定坚实基础。为提升业务办理效率，项目证件负责人主动对接警察局，通过沟通，警察局同意可由证件负责人代办临时居住证延期业务（原本需要本人亲自到警察局办理每三个月延期一次的临时居住证）。正常情况下一次性离境手续办理时间标准为 15 个工作日，如遇特殊情况，证件负责人与警察解释说明后，警察局可在 2 日内办理完毕。

大清真寺项目建设时期，工期紧、任务重，项目通过做好证件常规管理流程，精细化管理台账，持续加强内外联动，保持了人员证件的安全高效办理，保障了项目用工需求，为项目按时顺利竣工提供了坚强支撑。

19.3　社会责任

国际承包商与一般承包商不同，它的经营触角遍及全球，可以充分利用全球的资本、自然资源和劳动力资源。国际承包商全球化经营的特点决定了它在承担社会责任方面也要承担相应的"全球责任"。具体来讲，就是要对社会责任中的"社会"二字在地域和内涵上进行延伸，在经营中既要保护好本国环境又要保护好所在国环境；既要遵守本国标准又要遵守所在国标准；在提供本国员工就业机会的同时，也要充分考虑所在国劳动力市场和员工的就业权利；而且在经营中，要同时遵循本国、国际、所在国的法律法规，积极投身本国及当地社会发展、慈善活动。项目管理团队在项目的各个阶段，采取了如下措施履行社会责任：

（1）通过多种方式，提供技术援助和支持：配合项目业主、监理，以及东道国主要重点质检机构和试验室，针对各种新技术、新材料，提供完整的计算书、材料分析与检测报告，组织多次技术澄清会议以及现场参观等，为东道国了解新材料、新工艺，提供技术咨询服务而做出努力[99]。

（2）为积极融入当地社会，在符合合同条款规定的前提下，优先采购当地材料，带动当地经济发展。

（3）重视对东道国的环境保护：在项目开展过程中，项目部与水务公司、电力公司、市政公司等密切联系，施工过程中的雨污水排放符合当地法律规定。针对拆除过程中出现的建筑垃圾，选择当地指定的有资质的运输商进行处理。项目期间从未因环境问题而影响项目进度。

（4）对属地化员工进行内部"帮传带"培训：不仅在项目开展初期就从当地各个大学招聘毕业生，按照中国"师傅带徒弟"的方式开展一对一培训，在之后所招聘的所有属地化职员，都会定期开展各种专业的培训活动，与中方员工学习同样的知识技能，并聘请优秀的属地化员工做讲师，深入交流工作经验，提升双方的知识水平与管理能力[100]。

（5）积极投身当地的文化建设：采取各种措施融入当地社会，与当地社区进行文化共建。作为宗教建筑项目，在开斋节、宰牲节、阿舒拉节等重要节日，选择赠予有当地特色的小糕点，或者邀请合作方品尝美味的开斋餐，或者参与对方的婚礼，体验不同文化宗教习俗氛围下的幸福，这些措施都赢得了各方的赞誉。

（6）在海外宣传方面略显不足：项目曾协助多家专业机构对大清真寺进行报道，在国内赢得很好的宣传效果。但是在东道国的宣传却并未取得类似的效果，这凸显出在海外宣传水平方面和文化理解方面的不足，需要继续加强。

作为中国建筑海外业务的重要平台，中建阿尔及利亚公司长期以来都按照母公司的要求践行自己的责任。在制定企业海外发展战略中始终将社会责任、可持续发展纳入重要考量，既追求经济效益，又注重商业道德，追求经济、社会和环境的综合价值，以此来提升自身可持续建设能力[101]。在基建领域遵循企业发展规律，做好企业自身的经营管理，为股东创造最大价值，为顾客提供优质产品是首要的社会责任，同时，营造一个和谐有序的工作环境对于保障工程建设顺利开展也具有十分重要的意义。

19.4 工程传播与公众理解

1）工程参与者慎重发表见解

大清真寺项目的所有参与者在内部管理过程中，定期会对员工进行媒体应答培训，规范采访消息内容，尽量避免由于消息传达失真而引起公众误解。

2）选择正规的新闻媒体进行合作

在传播学的社会责任理论中，媒体被赋予了社会守望者的身份，所承担的责任不仅是传递事实，更重要的是传递真相。所以在这一过程中，选择与知名度较高、职业素养过硬的媒体进行合作。保证消息传递渠道的权威性与真实性，从而指引公众正确理解工程。

3）丰富公众参与和反馈意见的手段

在各种工程争议中，公众对工程的理解到达一定程度之后将会激发其参与工程决策的兴趣，保证公众能以相应的手段参与工程决策，进一步激发群众理解工程的愿望，通过鼓励公众理解工程，可以进一步扩展公众参与工程相关讨论和反馈意见的渠道。对此，项目主要开展了以下活动：举行工地开放日活动，组织公众参与实地考察；开辟报纸专栏，刊载公众意见等。

19.5　本章小结

本项目的综合管理主要包括翻译管理、证件管理、社会责任和工程传播多个方面，可以发现其均和所在东道主国相关。这主要是因为项目的参与者有大量东道主国的企业和员工，同时涉及阿国多个参与方，包括政府和监管机构等。同时在项目过程中加强了对我国人员的相关管理，严格规范签证、居住证等多种证件的办理，主动承担相关社会责任，规范工程参与人员的言行，做好工程传播工作。通过综合管理，有效加强了与东道主国人员的沟通效率，避免了在工程建设当中与当地居民或政府之间的误会与冲突，保障了项目建设的合理进行。

第20章
经验及总结

20.1　工程成果

1982 年，中建阿尔及利亚公司作为中国建筑最早的一批驻外机构进入阿尔及利亚市场，作为中国建筑践行国家"走出去"战略的先行者，中建阿尔及利亚公司经过 37 年的深耕细作，逐步发展成为阿国本土市场上最大的建筑承包商。

2011 年 10 月 19 日，中建阿尔及利亚公司在与来自西班牙、意大利、黎巴嫩以及当地多家承包商的激烈角逐中取胜，获得技术标和商务标综合评分第一名，阿尔及利亚宗教部宣布中国建筑中标阿尔及利亚嘉玛大清真寺项目，该项目成为当年度中建集团海外史上承接的最大型公建项目。历时近八年，项目最终成功完工。

阿尔及利亚嘉玛大清真寺不仅是穆斯林集会祈祷的场所，也是吸引研究人员、历史学家、艺术家、工艺家、学者以及旅游者的中心。作为阿尔及利亚的精神中心，嘉玛大清真寺将成为一个饱含丰富历史文化的纪念性建筑，并作为"国家名片"被印刷在阿尔及利亚流通的货币上。

在项目实施过程中，项目管理团队积极践行国家"一带一路"倡议，传播中华文化，与当地各方及民众建立了良好的关系，项目多次登上我国中央主流媒体、央视外语频道、阿尔及利亚国家主流媒体，受到各方好评。项目的成功实施，极大增强了中国建筑的世界影响力，对中国企业的国际化进程也将起到积极的推动作用。

项目团队在攻克一系列项目管理难题的同时，在科技创新方面也有一定积累。在整个施工过程中，总结形成 5 项国际先进科技成果，获得省部级科技成果 3 项、省部级工法 6 项，授权发明专利 2 项，受理发明专利 3 项，授权实用新型专利 8 项，对外发表论文 20 余篇。

20.2　经验总结

相比于国内的工程，我国建筑企业在国外进行大型工程项目建设会面临更多的不确定因素，在项目设计标准、物资采购、税务策划、安全健康管理等诸多方面都会遇到困难。

在这样的情况下，我国海外建筑企业首先从组织结构入手，充分考虑项目的目标约束情况（成本、工期、质量）、项目的外部综合环境等，分析各种工程项目管理模式对项目的适用性，建立了较为适合阿尔及利亚嘉玛大清真寺项目的组织模式，进而随着项目逐步推进，在项目前期、中期和后期采用不同的组织结构，实现从人的方面做好项目组织管理。设计管理、采购管理和施工管理是 EPC 项目管理的主要阶段，此外，物流管理也是保证项目稳步推进的重要方面，这几个方面的管理是基础管理的主要内容。

在项目目标控制上，除了传统的项目三大目标——工期、成本和质量，HSSE 管理也是不容忽视的项目目标。计划管理是为了项目能按照工期要求稳步推进；成本管理要按照成本计划、成本控制、成本核算、成本分析和成本考核的流程进行；在质量管理方面采用包括设计阶段、采购阶段和施工阶段的全生命周期的质量管理。HSSE 管理则是要对影响健康、公共安全、工程直接作业环节安全、环境卫生的不确定因素加大管控力度，把隐患和损失降至最小。

在财务管理方面，项目要做好资金管理及税务策划，在合法的前提下降低项目成本；合同管理是项目最重要的保障，也是项目管理的重中之重，要在遵守法律和合同的前提下进行项目建设，并做好索赔管理；项目信息管理有助于加快项目建设速度、提升工作效率；做好属地化管理，有助于我国海外建筑企业在当地能够长远立足；而项目综合管理则像是项目的后勤，支撑着项目稳步推进。

在项目组织方面，项目充分整合中建集团系统内部优质资源，与中建三局（由中建三局三公司直接实施）组成联营体，集合中建集团最大的海外公司和最大的工程局的合力，同时联合中建装饰、中建科工、中建商混等专业公司优势，为国际特大型项目的实施探索出一条成功道路，必将为中国建筑的国际化征程添上浓墨重彩的一笔。

本书希望通过对阿尔及利亚嘉玛大清真寺项目建设全过程的项目管理进行总结，能为日后我国海外建筑企业在参与类似项目提供经验与参考，同时也希望能够推进国际工程总承包的创新管理。

参考文献

[1]   Shao Z Z. Evaluation of large-scale transnational high-speed railway construction priority in the belt and road region[J]. Transp. Res. Pt. e-Logist. Transp. Rev., 2018,117: 40-57.

[2]   Duan F, Ji Q, Lin B Y,et al. Energy investment risk assessment for nations along China's Belt & Road Initiative[J]. J. Clean Prod., 2018, 170: 535-547.

[3]   马岩. "一带一路" 国家主要特点及发展前景展望[J]. 国际经济合作，2015，5：28-33.

[4]   Lin H Y, Tang Y K, Chen X L, et al. The determinants of Chinese outward FDI in countries along "One Belt One Road" [J]. Emerging Markets Finance and Trade, 2017, 53(6).

[5]   Lee C Y, Chong H Y, Li Q, et al. Joint contract-function effects on BIM-enabled EPC project performance[J]. J. Constr. Eng. Manage., 2020, 146(3).

[6]   陈永强. 境外 EPC+F 工程项目财务风险及管理策略 [J]. 财会学习，2018，（30）：3-5，17.

[7]   向鹏成，万珍珍. 我国建筑企业海外 EPC 项目风险管理——以中铁沙特麦加轻轨项目为例 [J]. 国际经济合作，2011，6：52-55.

[8]   赵诗涛. 浅议大型 EPC 总承包工程合同管理存在的问题及对策 [J]. 价值工程，2013，15：115-116.

[9]   Tang W Z. Risk management in the Chinese construction industry[J]. J. Constr. Eng. Manage., 2007, 133(12): 944-956.

[10]   Du L. Enhancing engineer-procure-construct project performance by partnering in international markets: Perspective from Chinese construction companies[J]. Int. J. Proj. Manag., 2016, 34(1): 30-43.

[11]   刘靖，黄有亮. EPC 总承包项目采购管理中信息沟通问题研究 [J]. 工程管理学报，2007，6：13-16.

[12]   Hale D R. Empirical comparison of design/build and design/bid/build project delivery methods[J]. J. Constr. Eng. Manage., 2009, 135(7): 579-587.

[13]   Ishii N, Muraki M. An order acceptance strategy under limited engineering man-hours for cost estimation in engineering-procurement-construction projects[J]. Int. J. Proj. Manag., 2014,

32(3): 519-528.

[14] Kim M H. A forecast and mitigation model of construction performance by assessing detailed engineering maturity at key milestones for offshore EPC mega-projects[J]. Sustainability, 2019, 11(5): 21.

[15] Lee C Y, Chong H Y, Wang X. Enhancing BIM performance in EPC projects through integrative trust-based functional contracting model[J]. Journal of Construction Engineering and Management, 2018, 144(7).

[16] Shen W, Tang W, Yu W, et al. Causes of contractors' claims in international engineering-procurement-construction projects[J]. Journal of Civil Engineering and Management, 2017, 23(6): 727-739.

[17] 何凯，卢胜. EPC 模式下项目融资风险管理研究 [J]. 工程管理学报，2016，30（3）：138-142.

[18] 沈文欣，唐文哲，张清振，等. 基于伙伴关系的国际 EPC 项目接口管理 [J]. 清华大学学报（自然科学版），2017，57（6）：644-650.

[19] 程秋嫣. 关于 EPC 项目合同签订及管理常见问题探讨 [J]. 价值工程，2018，37（23）：17-19.

[20] 肖前.《国际工程 EPC 项目风险管理》助力企业转型升级 [J]. 国际经济合作，2019（5）：65.

[21] 刘晓凯，张明. 全球视角下的 PPP：内涵、模式、实践与问题 [J]. 国际经济评论，2015（4）：53-67+5.

[22] 李小宁，罗军，陈勇华. 国外大型石油工程建设项目管理模式研究 [J]. 国际经济合作，2009，9：66-69.

[23] Lechler T G, Dvir D. An alternative taxonomy of project management structures: Linking project management structures and project success[J]. IEEE Transactions on Engineering Management, 2010, 57(2): 198-210.

[24] Koops L, Bosch-Rekveldt M, Bakker H, et al. Exploring the influence of external actors on the cooperation in public–private project organizations for constructing infrastructure[J]. International Journal of Project Management, 2017, 35(4): 618-632.

[25] Miterev M, Turner J R, Mancini M. The organization design perspective on the project-based organization: A structured review[J]. International Journal of Managing Projects in Business, 2017.

[26] Gemünden H G, Lehner P, Kock A. The project-oriented organization and its contribution to

innovation[J]. International Journal of Project Management, 2018, 36(1): 147-160.

[27]　Zhang R, Wang Z, Tang Y, et al. Collaborative innovation for sustainable construction: The case of an industrial construction project network[J]. IEEE Access, 2020, 8: 41403-41417.

[28]　Klimkeit D. Organizational context and collaboration on international projects: The case of a professional service firm[J]. International Journal of Project Management, 2013, 31(3): 366-377.

[29]　Wang T F, Tang W Z, Qi D S, et al. Enhancing design management by partnering in delivery of international EPC projects: Evidence from Chinese construction companies[J]. Journal of Construction Engineering and Management, 2016,142(4): 1- 12.

[30]　Whang S W, Flanagan R. Kim S, et al. Contractor-led critical design management factors in high-rise building projects involving multinational design teams[J].Journal of Construction Engineering and Management, 2016, 143(5): 1-12.

[31]　李忠富，张亚妮. 跨区域多项目的房地产项目设计管理研究 [J]. 土木工程与管理学报，2013，30（2）：74-79.

[32]　Sawan R, Low J F, Schiffauerova A. Quality cost of material procurement in construction projects[J]. Engineering, Construction and Architectural Management, 2018, 25(8): 974-988.

[33]　Micheli G J L, Cagno E. The role of procurement in performance deviation recovery in large EPC projects[J]. International Journal of Engineering Business Management, 2016, 8:17.

[34]　Sandhu M, Helo P. Supply process development for multi-project management[J]. International Journal of Management and Enterprise Development, 2006, 3(4): 376-396.

[35]　罗云，周康，王力尚，等. 国际工程材料采购中的成本控制与分包商 / 供应商管理 [J]. 施工技术，2013，42（6）：70-72.

[36]　周然华. 国际工程公司集中采购模式研究 [J]. 国际经济合作，2011，（1）：57-60.

[37]　Shen W X, Tang W Z, Wang S L，et al. Enhancing trust-based interface management in international engineering-procurement-construction projects[J]. Journal of Construction Engineering and Management, 2017, 143(9): 12.

[38]　Li Y, Shou Y Y, Ding R G, et al. Governing local sourcing practices of overseas projects for the Belt and Road Initiative: A framework and evaluation[J]. Transportation Research Part E, 2019, 126: 212-226.

[39]　Pal R, Wang P, Liang X P. The critical factors in managing relationships in international engineering, procurement, and construction (IEPC) projects of Chinese organizations[J]. International Journal of Project Management, 2017, 35(7): 1225-1237.

[40] 徐阳. 国际工程保函管理探讨 [J]. 国际经济合作，2012，（8）：76-82.

[41] 唐文哲，雷振，王姝力，等. 国际工程 EPC 项目采购集成管理 [J]. 清华大学学报（自然科学版），2017，57（8）：838-844.

[42] Rumeser D, Emsley M. Key challenges of system dynamics implementation in project management[J]. Procedia - social and behavioral sciences, 2016, 230:22-30.

[43] Lucio S, Rafael S, Burcu A, et al. Preparing civil engineers for international collaboration in construction management[J]. Journal of Professional Issues in Engineering Education & Practice, 2011, 137(3): 141-150.

[44] Mohamad Hazem A L, et al. Assessment of the design-construction interface problems in the UAE[J]. Architectural Engineering and Design Management: Embracing Complexity in the Built Environment, 2016. 12(5): 353-366.

[45] 谢群霞，赵珊珊，刘俊颖. 国际工程 EPC 项目设计工作界面风险管理 [J]. 国际经济合作，2016，7：44-48.

[46] Wang T, Tang W, Du L, et al. Relationships among risk management, partnering, and contractor capability in international EPC project delivery[J]. Journal of Management in Engineering, 2016, 32(6).

[47] Ling F Y Y, Ibbs C W, Chew E W. Strategies adopted by international architectural, engineering, and construction firms in Southeast Asia[J]. Journal of Professional Issues in Engineering Education & Practice, 2008, 134(3): 248-256.

[48] Lee K W, Han S H, Park H, et al. Empirical analysis of host-country effects in the international construction market: An industry-level approach[J]. Journal of Construction Engineering & Management, 2016, 142(3).

[49] Loo S C, Abdul-Rahman H, Wang C. Managing external risks for international architectural, engineering, and construction (AEC) firms operating in Gulf Cooperation Council (GCC) states[J]. Project Management Journal, 2013, 44(5): 70-88.

[50] 王力尚，余涛，朱建潮. 国际工程技术管理的思路及创新 [J]. 施工技术，2012，41（16）：40-43.

[51] Tripathi K K, Jha K N. Determining success factors for a construction organization: a structural equation modeling approach[J]. Journal of Management in Engineering, 2018, 34(1).

[52] Davies P J, Emmitt S, Firth S K. On-site energy management challenges and opportunities: A contractor's perspective[J]. Building Research & Information, 2013, 41(4): 450-468.

[53] Fong N K, Wong L Y, Wong L T. Fire services installation related contributors of construction

delays[J]. Building and Environment, 2006, 41(2): 211-222.

[54]　Nahyan M A, Sohal A, Hawas Y, et al. Communication, coordination, decision-making and knowledge-sharing: A case study in construction management[J]. Journal of Knowledge Management, 2019. 23(9): 1764-1781.

[55]　Kabirifar K, Mojtahedi M. The impact of engineering, procurement and construction (EPC) phases on project performance: A case of large-scale residential construction project[J]. Buildings, 2019, 9(1): 1-15.

[56]　Lei Z, Tang W, Duffield C, et al. The impact of technical standards on international project performance: Chinese contractors' experience[J]. International Journal of Project Management, 2017, 35(8): 1597-1607.

[57]　David J D, Cynthia C C, Pedro Y V. Improvement management tools in the construction industry: Case study of Mexico[J]. Journal of Construction Engineering and Management, 2017, 143(4).

[58]　Du Y K, Seungh H, Hyoungkwan K. Discriminant analysis for predicting ranges of cost variance in international construction projects[J]. Journal of Construction Engineering and Management, 2008, 134(6): 398-410.

[59]　Mohammadreza H, Sharareh K. Phase-based analysis of key cost and schedule performance causes and preventive strategies: Research trends and implications [J]. Engineering Construction Architectural Management, 2018, 25(8): 1009-1033.

[60]　Dikmen I, Birgonul M T, Han S. Using fuzzy risk assessment to rate cost overrun risk in international construction projects [J]. International Journal of Project Management, 2007, 25(5): 494-505.

[61]　Yehiel R. Root-cause analysis of construction-cost overruns [J]. Journal of Construction Engineering and Management, 2014, 140(1): 10.

[62]　柴彭颐. 项目管理 [M]. 2 版. 北京：中国人民大学出版社，2015.

[63]　戴大双. 现代项目管理 [M]. 3 版. 北京：高等教育出版社，2021.

[64]　Ajam M. Project Risk Management [M].Springer International Publishing, 2014.

[65]　Harold K.Project management: A systerm approach to planning，scheduling，and controlling[M]. New York: John Wiley&Sons, 2013.

[66]　Ouardighi F E. Supply quality management with option wholesale price and revenue sharing contracts: A two-stage game approach[J]. International Journal of Production Economics, 2014, 1569(5): 260-268.

[67] 陈勇，朱宏亮. 业主与建设工程质量 [J]. 建筑，2003，（7）：10-12.

[68] Turner R. Operation control and project management[J]. Project Management Journal, 2005.

[69] 温贵明，刘伟丽，李明秋，等. 国际 EPC 工程项目现场 HSSE 管控 [J]. 水利水电工程设计，2015，34（3）：1-2+14.

[70] 罗锦涛. 炼化工程沙特项目 HSSE 风险与对策 [J]. 石油化工管理干部学院学报，2019，21（1）：64-66.

[71] 何春明，杨红娟. 企业员工健康管理存在的问题与解决途径探讨 [J]. 中国市场，2010，（48）：54-55.

[72] 张岩，李新鸾. 石化企业 HSE 管理体系推进中的职业健康管理思考 [J]. 安全，健康和环境，2011，11（11）：23-26.

[73] 王林. 国际工程 HSE 管理探讨 [J]. 工程技术研究，2016.

[74] Shabtai, I. A statistical model for dynamic safety risk control on construction sites[J]. Elsevier B.V., 2016, 63.

[75] 黄婷婷. 项目工程财务管理探讨 [J]. 财会通讯，2009，35（2250）：87-88.

[76] 庄安尘，刘云杰，司楠. 大型基本建设项目财务管理浅议 [J]. 人民黄河，2006，（9）：55-57+74.

[77] 贺佳. 完善 EPC 总承包项目财务管理的建议 [J]. 财务与会计，2017，（17）：60.

[78] Sweeting P. Financial Enterprise Risk Management[M]. Cambridge: Cambridge University Press, 2011.

[79] 王莹. 核电 EPC 总承包项目的财务管理及风险控制 [J]. 会计之友，2012，（28）：37-38.

[80] Tezuka, S. Monte Carlo grid for financial risk management[J]. Elsevier B.V., 2004, 21(5).

[81] 吴玉明. 境外承包工程财务管理重点问题探析 [J]. 中国矿业，2010，（12）：30-34.

[82] 梁国晖，宋玲玲. 浅谈国际水电工程中的财务风险管理 [J]. 人民长江，2014，45（3）：70-73.

[83] Gregg S L. Lessons learned: Infrastructure development and financial management for large, publicly funded, international trials[J]. Pubmed, 2016, 13(2).

[84] 张水波. 国际工程合同管理：中国国际工程企业的必修课 [J]. 国际工程与劳务，2019，（9）：30-32.

[85] 黄晓宇，宋歌，莫鹏. 国际工程总承包项目全阶段合同管理 [J]. 国际经济合作，2012，（12）：41-44.

[86] 钟懿辉. "走出去"企业合同风险管理研究 [J]. 中央财经大学学报，2012，（2）：55-59.

[87] Qi X. Production scheduling with subcontracting: The subcontractor's pricing game[J]. Journal

of Scheduling, 2012, 15(6): 773-781.

[88] 骆民. 浅谈国际工程承包中的索赔管理 [J]. 水利水电技术，2012，43（1）：105-108.

[89] 马铁山，唐延伟. 基于承包商视角的国际工程合同争议预防及解决 [J]. 建筑技术，2016（2）：169-171.

[90] 郭彬，王凯，张磊. 工期延误引起的索赔分析与计算 [J]. 建筑经济，2013，（3）：45-47.

[91] 王冠雄. 大型国际工程项目经济索赔分析 [J]. 国际经济合作，2014，（8）：42-44.

[92] Abdel-khalek H A, Aziz R F, Abdellatif I A. Prepare and analysis for claims in construction projects using Primavera Contract Management (PCM)[J]. Alexandria Engineering Journal, 2019, 58(2): 487-497.

[93] Ganbat T, Chong H Y, Liao P C. Mapping BIM uses for risk mitigation in international construction projects[J]. Advances in Civil Engineering, 2020.

[94] Ma X, Chan A, Li Y, et al. Critical strategies for enhancing BIM implementation in AEC projects: Perspectives from Chinese practitioners[J]. Journal of Construction Engineering and Management, 2020, 146(2): 05019019.1-05019019.10.

[95] Won J, Lee G, Dossick C, et al. Where to focus for successful adoption of building information modeling within organization[J]. Journal of Construction Engineering & Management, 2013, 139(11): 04013014.1-04013014.10.

[96] Ouyang C, Liu M, Chen Y, et al. Overcoming liabilities of origin: Human resource management localization of Chinese multinational corporations in developed markets[J]. Human Resource Management, 2019, (4).

[97] 崔杰，尚珊珊，高明瑾. 国际工程项目属地化人才知识需求研究 [J]. 国际经济合作，2020，404（2）：142-150.

[98] Law K S, Song L J, Wong C S, et al. The antecedents and consequences of successful localization[J]. Journal of International Business Studies, 2009, 40(8): 1359-1373.

[99] Osabutey E L C, Jackson T. The impact on development of technology and knowledge transfer in Chinese MNEs in sub-Saharan Africa: The Ghanaian case[J]. Technological forecasting and social change, 2019, 148(Nov.): 119725.1-119725.12.

[100] 卓瑞，王明皓. 中国国际工程公司的人力资源属地化 [J]. 国际经济合作，2012，（9）：61-64.

[101] 向晨瑶. 我国国际工程承包企业的发展路径研究 [J]. 价格理论与实践，2014，（4）：106-108.